机电一体化系列教材

数控加工工艺与编程

主　编　黄志辉

副主编　王迎晖　严　霞

王丽君　王　祯

苏州大学出版社

图书在版编目(CIP)数据

数控加工工艺与编程 / 黄志辉主编. —苏州：苏州大学出版社，2018.12
机电一体化系列教材
ISBN 978-7-5672-2734-7

Ⅰ.①数… Ⅱ.①黄… Ⅲ.①数控机床—加工—高等职业教育—教材②数控机床—程序设计—高等职业教育—教材 Ⅳ.①TG659

中国版本图书馆 CIP 数据核字(2018)第 295858 号

数控加工工艺与编程
黄志辉 主编
责任编辑 刘一霖

苏州大学出版社出版发行
(地址:苏州市十梓街 1 号 邮编:215006)
苏州工业园区美柯乐制版印务有限责任公司
(地址:苏州工业园区东兴路 7-1 号 邮编:215021)

开本 787mm×1 092mm 1/16 印张 11.75 字数 258 千
2018 年 12 月第 1 版 2018 年 12 月第 1 次印刷
ISBN 978-7-5672-2734-7 定价:32.00 元

苏州大学版图书若有印装错误,本社负责调换
苏州大学出版社营销部 电话:0512-67481020
苏州大学出版社网址 http://www.sudapress.com
苏州大学出版社邮箱 sdcbs@suda.edu.cn

前言 Preface

《数控加工工艺与编程》是数控技术专业教师们在“数控加工工艺与编程”优秀新课程建设过程中合作编写的一本实用教材。本教材涉及的内容都是数控技术专业从业人员从事数控车削、数控铣削等工种必须掌握的基础知识。

本教材旨在帮助学生初步掌握数控车削、数控铣削的基本知识和技能,掌握相关典型零件的数控加工方法。由于本教材的内容具有普遍性,所以,本教材不仅可以作为高职高专、职业学校学生的学习资料,也可以作为相关从业人员的学习参考资料。

本教材主要以项目和具体工作任务的形式安排章节,以便专业课的理实一体化教学。其中项目一由黄志辉老师编写,项目六由王迎晖老师编写,项目二至项目五分别由严霞、王丽君、唐建林、苏静、王祯等老师参与编写。全书由黄志辉老师负责统稿。

由于时间仓促,书中难免有不足和疏漏之处。我们将不断改进,也欢迎广大读者批评指正。

目 录 Contents

项目一 数控编程基础

相对于普通机床而言,数控机床的一个显著特点就是用数控程序来控制机床的切削运动。因此,数控程序的合理编制是数控机床应用的一个先决条件。

任务一 坐标系与原点的认知

任务引入

数控程序的编制方式主要有手工编制和运用专用软件自动生成两种。无论采用哪种方式,我们对机床坐标系的概念、机床原点、工件原点、程序原点,以及数控程序的结构和相关数控指令必须都要有充分的了解。

任务目标

掌握各类数控机床的坐标系设置方法。

必备知识

为了保证数控机床的正确运动,避免工作的不一致性,简化编程和便于培训,人们统一规定了数控机床坐标轴的代码及其运动的正、负方向。这给数控系统和机床的设计、使用和维修带来了极大的方便。

1. 机床坐标系

标准坐标系采用右手直角笛卡尔坐标系,其坐标轴名为 X、Y、Z,如图 1-1 所示。右手的拇指、食指和中指互相垂直时,拇指的方向为 X 坐标轴的正方向,食指为 Y 坐标轴的正方向,中指为 Z 坐标轴的正方向。以 X、Y、Z 坐标轴线或以与 X、Y、Z 坐标轴平行的坐标轴线为中心旋转的圆周进给坐标轴分别用 A、B、C 表示。根据右手螺旋定则,拇指指向 $+X$、$+Y$、$+Z$ 方向,其余四指的方向则为 $+A$、$+B$、$+C$ 轴的旋转方向。

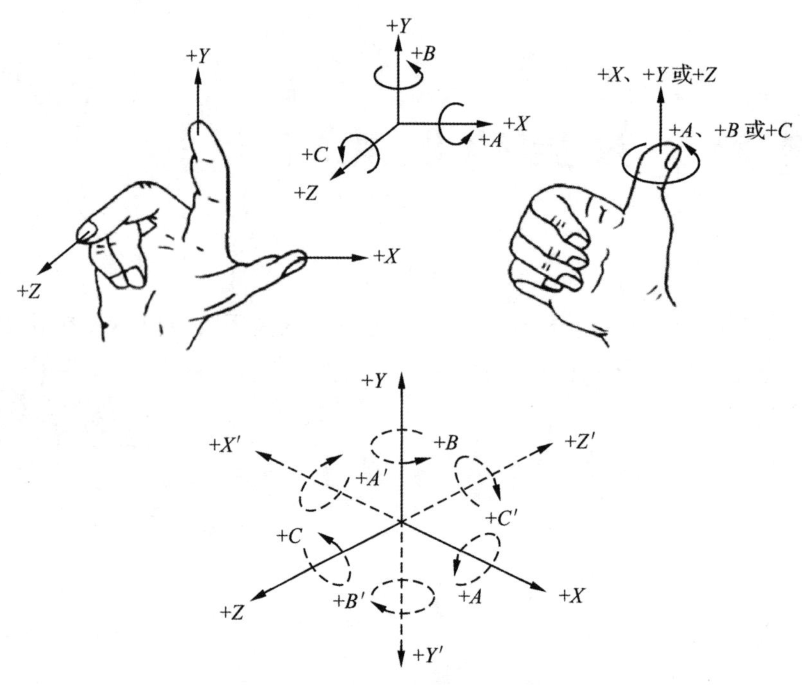

图 1-1 右手直角笛卡尔坐标系

(1) *Z* 轴

通常 *Z* 轴为传递切削力的主轴。对于工件旋转的机床,如车床、磨床等,工件转动的轴为 *Z* 轴。对于刀具旋转的机床,如镗床、铣床、钻床等,刀具转动的轴为 *Z* 轴。如果有几根轴同时符合上述条件,则其中与工件夹持装置垂直的轴为 *Z* 轴。如果主轴可以摆动,若在其允许的摆角范围内有 1 根与标准坐标轴平行的轴,则该轴为 *Z* 轴;若有两根或两根以上的轴与标准坐标轴平行,则其中与装夹工件的工作台垂直的轴为 *Z* 轴。对于工件和刀具都不旋转的机床,如刨床、插床等,*Z* 轴垂直于工件装夹表面。*Z* 轴的正方向取作刀具远离工件的方向。

(2) *X* 轴

X 轴一般平行于工件装卡面且与 *Z* 轴垂直。对于工件旋转的机床,平行于横向滑座的方向即工件的径向为 *X* 轴坐标,刀具远离工件旋转中心的方向为 *X* 轴的正向。对于刀具旋转的机床,若 *Z* 轴水平(如卧式铣床、卧式镗床),则从刀具主轴向工件看,右手方向为 *X* 轴正向。若 *Z* 轴垂直,对于立柱机床(如立式铣床),从刀具主轴向立柱方向看,右手方向为 *X* 轴正向;对于龙门机床,从主轴看龙门的方向为 *X* 轴正向。对于工件和刀具都不旋转的机床,*X* 轴方向与主切削力方向平行,且切削运动方向为 *X* 轴正方向。

(3) *Y* 轴

当 *X* 轴与 *Z* 轴确定之后,*Y* 轴垂直于 *X* 轴、*Z* 轴,其方向可按右手螺旋定则决定。

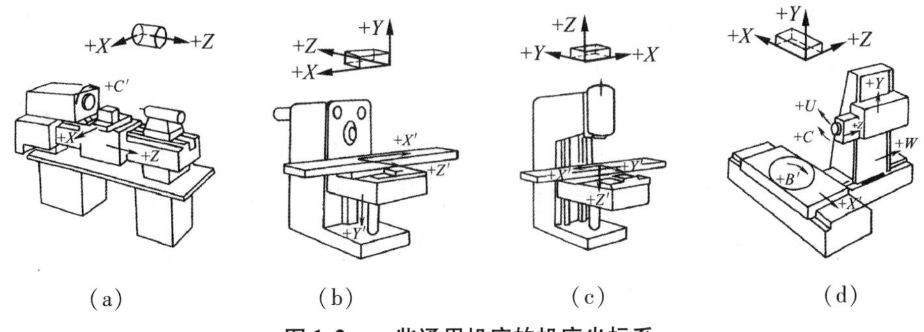

图 1-2　一些通用机床的机床坐标系

2. 工作坐标系

工作坐标系是编程人员在编程过程中使用的,由编程人员以工件图样上的某一固定点为原点所建立的坐标系,又称为工件坐标系或编程坐标系。编程尺寸都按工件的尺寸确定。

3. 附加坐标系

以上 X 轴、Y 轴、Z 轴通常称为第一坐标系;若有与 X 轴、Y 轴、Z 轴平行的第二直线运动时,则对应的轴为 U 轴、V 轴、W 轴,称为第二坐标系;若有与 X 轴、Y 轴、Z 轴平行的第三直线运动时,则对应的轴为 P 轴、Q 轴、R 轴,称为第三坐标系。

如果有不平行于 X 轴、Y 轴、Z 轴的直线运动,编程人员可根据使用方便的原则确定 U 轴、V 轴、W 轴和 P 轴、Q 轴、R 轴。当有两个以上相同方向的直线运动轴时,可从靠近第一坐标轴开始,依次确定 U 轴、V 轴、W 轴和 P 轴、Q 轴、R 轴。

除了 A 轴、B 轴和 C 轴以外,根据使用要求旋转轴还可以有 D 轴、E 轴等。

4. 坐标系的原点

(1) 机床坐标系与机床原点

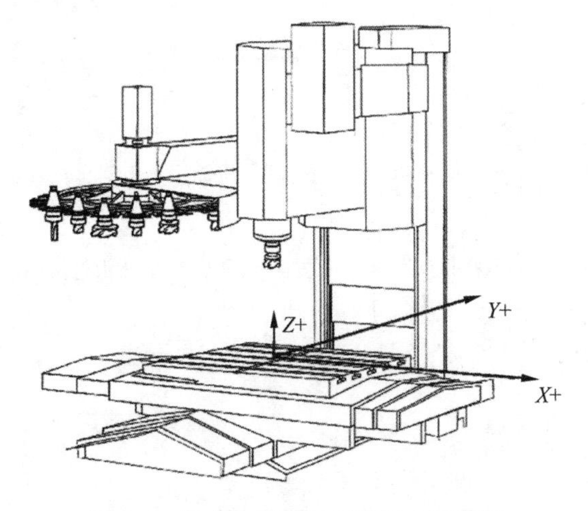

图 1-3　机床坐标系与机床原点示意图

机床坐标系是机床上固有的坐标系，并设有固定的坐标原点。机床上有一些固定的基准线，如主轴中心线；也有一些固定的基准面，如工作台面、主轴端面、工作台侧面等。当机床的坐标轴手动返回各自的原点（或称零点）以后，根据各坐标轴部件上的基准线和基准面之间的距离便可确定机床原点的位置。数控机床的使用说明书上有对该点的说明。如立式数控铣床的机床原点为当 X 轴、Y 轴返回原点后，主轴中心线与工作台面的交点处，可通过主轴中心线至工作台的两个侧面的给定距离来测定。

(2) 工作坐标系与工作原点

工作坐标系的原点在机床坐标系中称为调整点（图 1-4）。在加工时，工件随夹具在机床上安装好后，工作原点与机床原点之间的距离称为工作原点偏置。该偏置值需要预存到数控系统中。在加工时，工作原点偏置值便能自动附加到工作坐标系上，使数控系统按机床坐标系确定加工时的坐标值。因此，编程人员可以不考虑工件在机床上的安装位置和安装精度，而利用数控系统的原点偏置功能，通过工作原点偏置值来补偿工件的安装误差。现在多数数控机床都具有这种功能。

在数控加工过程中，这种数控机床的原点偏置功能为工件的实际安装位置提供了便于数控编程的工件坐标系，使其工作原点成为编程原点。

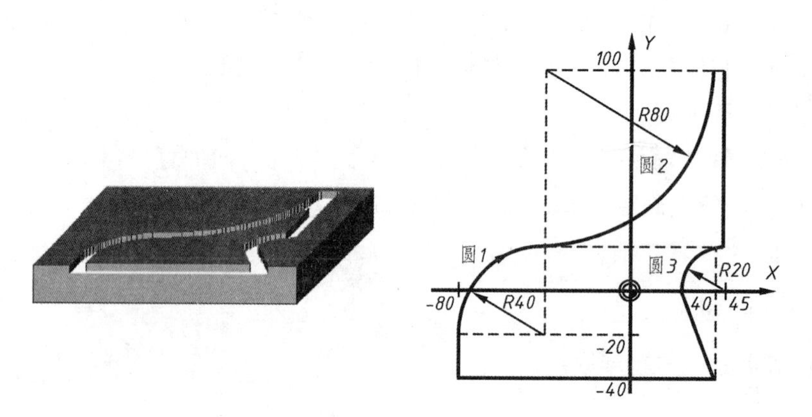

图 1-4　工作坐标系与工作原点

5. 绝对坐标与相对坐标

运动轨迹的终点坐标是相对于起点坐标计量的，这样的坐标系称为相对坐标系（或称增量坐标系）。

所有坐标点的坐标值均相对于某一固定坐标原点计量的坐标系，称为绝对坐标系。

图 1-5 中的 A、B、C 三点，若以绝对坐标计量，则有

A 点：$X=40$，$Y=40$；

B 点：$X=60$，$Y=80$；

C 点：$X=100$，$Y=60$。

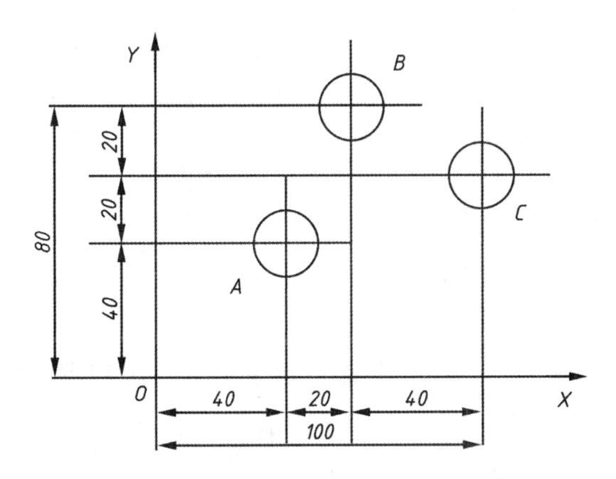

图 1-5　绝对坐标与相对坐标位置示意图

若以相对坐标计量，则 A 点的坐标是在以 O 点为原点建立起来的坐标系内计量的，B 点的坐标是在以 A 点为原点建立起来的坐标系内计量的，而 C 点的坐标是在以 B 点为原点建立起来的坐标系内计量的，所以

A 点：$X=40, Y=40$；

B 点：$X=20, Y=40$；

C 点：$X=40, Y=-20$。

▶▶ 任务拓展

如图 1-6 所示，O_2 点为编程原点。试用绝对值和相对值分别描述该轴类零件轮廓编程节点的相对坐标值和绝对坐标值。

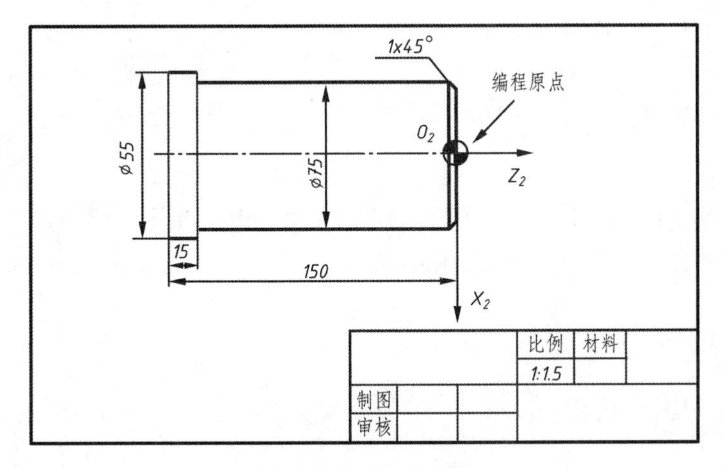

图 1-6　轴类零件简图

任务二　数控程序结构的识读

▶▶ 任务引入

由于数控机床选用的数控系统不同,数控程序基本代码和程序格式不尽相同。在此,我们以日本 FANUC 数控系统为例,来初步了解数控程序结构。

▶▶ 任务目标

读懂基本数控加工程序中每一个程序段的执行命令。

▶▶ 必备知识

由于数控机床选用的数控系统不同,编程人员必须严格按照机床说明书的规定格式编写数控程序。一个完整的程序由程序号和一系列程序段组成。例如:

```
O0001;
N005  T0101  M06;
N010  G54  G90  G00  X100  Y100  Z10;
N015  M03  S600  M08;
N020  G01  Z-20  F50;
N025  Z10  M09;
N030  M02;
```

1. 程序号

程序号即程序的开始部分。为了区别存储器中的程序,每个程序都要有程序编号,在编号前采用程序编号地址码。如 FANUC 0M 系统采用英文字母 O 和四位数字作为程序编号地址等。

2. 程序段

零件的加工程序是由程序段组成的。每个程序段由若干个数据字组成。每个字是控制系统的具体指令。

(1) 语句号字(N)

语句号字是用以识别程序段的编号,用地址码 N 和后面的若干位数字来表示。例如,N20 表示该语句的语句号为 20。

(2) 准备功能字(G)

准备功能字是使数控机床做某种操作的指令,用地址符 G 和两位数字来表示,从 G00 至 G99 共 100 种。表 1-1 为常用加工中心准备功能 G 代码一览表。G 代码根据分组不同而有两种形式。一种叫作一次性代码,只在所在的程序段中有效;另一种叫作模态代码,一旦被执行,则在同一组代码出现或被取消前都有效。

表 1-1　常用加工中心准备功能 G 代码一览表(FANUC 0M 系统)

<table>
<tr><th>代码</th><th>分组</th><th>意义</th><th>代码</th><th>分组</th><th>意义</th></tr>
<tr><td>G00</td><td rowspan="4">01</td><td>快速进给、定位</td><td>G53</td><td>00</td><td>机械坐标系选择</td></tr>
<tr><td>G01</td><td>直线插补</td><td>G54</td><td rowspan="6">12</td><td>工件坐标系 1 选择</td></tr>
<tr><td>G02</td><td>圆弧插补 CW(顺时针)</td><td>G55</td><td>工件坐标系 2 选择</td></tr>
<tr><td>G03</td><td>圆弧插补 CCW(逆时针)</td><td>G56</td><td>工件坐标系 3 选择</td></tr>
<tr><td>G04</td><td rowspan="4">00</td><td>暂停</td><td>G57</td><td>工件坐标系 4 选择</td></tr>
<tr><td>G07</td><td>假想轴插补</td><td>G58</td><td>工件坐标系 5 选择</td></tr>
<tr><td>G09</td><td>准确停止</td><td>G59</td><td>工件坐标系 6 选择</td></tr>
<tr><td>G10</td><td>数据设定</td><td>G60</td><td>00</td><td>单方向定位</td></tr>
<tr><td>G15</td><td rowspan="2">18</td><td>极坐标指令取消</td><td>G61</td><td rowspan="4">15</td><td>准确停止状态</td></tr>
<tr><td>G16</td><td>极坐标指令</td><td>G62</td><td>自动转角速率</td></tr>
<tr><td>G17</td><td rowspan="3">02</td><td>XOY 平面</td><td>G63</td><td>攻螺丝状态</td></tr>
<tr><td>G18</td><td>ZOX 平面</td><td>G64</td><td>切削状态</td></tr>
<tr><td>G19</td><td>YOZ 平面</td><td>G65</td><td>00</td><td>宏调用</td></tr>
<tr><td>G20</td><td rowspan="2">06</td><td>英制输入</td><td>G66</td><td rowspan="3">14</td><td>宏模态调用 A</td></tr>
<tr><td>G21</td><td>米制输入</td><td>G66.1</td><td>宏模态调用 B</td></tr>
<tr><td>G22</td><td rowspan="2">04</td><td>存储行程检查功能 ON</td><td>G67</td><td>宏模态调用 A/B 取消</td></tr>
<tr><td>G23</td><td>存储行程检查功能 OFF</td><td>G68</td><td rowspan="2">16</td><td>坐标旋转</td></tr>
<tr><td>G27</td><td rowspan="4">00</td><td>回归参考点检查</td><td>G69</td><td>坐标旋转取消</td></tr>
<tr><td>G28</td><td>回归参考点</td><td>G73</td><td rowspan="6">09</td><td>深孔钻削固定循环</td></tr>
<tr><td>G29</td><td>由参考点回归</td><td>G74</td><td>左旋攻螺纹固定循环</td></tr>
<tr><td>G30</td><td>回归程第 2、3、4 参考点</td><td>G76</td><td>精镗固定循环</td></tr>
<tr><td>G40</td><td rowspan="3">07</td><td>刀径补偿取消</td><td>G80</td><td>固定循环取消</td></tr>
<tr><td>G41</td><td>左刀径补偿</td><td>G81</td><td>钻削固定循环、钻中心孔</td></tr>
<tr><td>G42</td><td>右刀径补偿</td><td>G82</td><td>钻削固定循环、锪孔</td></tr>
</table>

续表

代码	分组	意义	代码	分组	意义
G43	08	刀具长度补偿 +	G83	09	深孔钻削固定循环
G44		刀具长度补偿 -	G84		攻螺纹固定循环
G45	00	刀具位置补偿伸长	G85		镗削固定循环
G46		刀具位置补偿缩短	G86		退刀形镗削固定循环
G47		刀具位置补偿 2 倍伸长	G87		镗削固定循环
G48		刀具位置补偿 2 倍缩短	G88		镗削固定循环
G49		刀具位置补偿取消	G89		镗削固定循环
G50	11	比例缩放取消	G90	03	绝对方式
G51		比例缩放	G91		增量方式
G50.1	19	程序指令镜像取消	G92	00	工件坐标系设定
G51.1		程序指令镜像	G98	10	返回固定循环初试点
G52	00	局部坐标系设定	G99		返回固定循环 R 点

(3) 尺寸字(X、Y、Z 等)

尺寸字由地址码，+、-符号及绝对值(或增量)的数值构成。尺寸字的地址码有 X、Y、Z、U、V、W、P、Q、R、A、B、C、I、J、K、D、H 等。尺寸字的“+”可省略。表示地址码的英文字母的含义如下：

O、P:程序号、子程序号。

N:程序段号。

X、Y、Z:*X*、*Y*、*Z* 轴方向的主运动。

U、V、W:*X*、*Y*、*Z* 轴方向的增量运动。(或平行于 *X*、*Y*、*Z* 坐标轴的第二坐标系)

P、Q、R:平行于 *X*、*Y*、*Z* 坐标轴的第三坐标系。

A、B、C:绕 *X*、*Y*、*Z* 坐标轴的转动。

I、J、K:圆弧中心坐标。

D、H:刀具直径和长度方向的补偿号。

(4) 进给功能字(F)

进给功能字表示刀具中心运动时的进给速度。它由地址码 F 和后面若干位数字构成。这个数字的单位取决于每个数控系统所采用的进给速度的指定方法。如 F100 表示进给速度为 100 mm/min。F 也可以用进给量的数值表示，即刀具主运动一个周期所进给的量。具体内容见所用数控机床编程说明书。

(5) 主轴转速功能字(S)

主轴转速功能字由地址码 S 和其后面的若干位数字组成，单位为转速单位(r/min)。

例如,S800 表示主轴转速为 800 r/min。

(6) 刀具功能字(T)

刀具功能字由地址码 T 和若干位数字组成。刀具功能字的数字是指定的刀号。

数字的位数由所用系统决定。例如,T08 表示第八号刀。T0808 则表示第八号刀,刀具补偿值号码为 08。

(7) 辅助功能字(M 功能)

辅助功能字表示一些机床辅助动作的指令,用地址码 M 和后面两位数字表示,从 M00 至 M99 共有 100 种。常用辅助功能指令 M 代码一览表见表 1-2。

表 1-2 常用辅助功能指令 M 代码一览表

代码	功能说明	代码	功能说明
M00	程序停止	M09	切削液停止
M01	选择停止	M21	*X* 轴镜像
M02	程序结束	M22	*Y* 轴镜像
M03	主轴转动	M23	镜像取消
M04	主轴反转	M30	程序结束
M05	主轴停止	M98	调用子程序
M08	切削液打开	M99	子程序结束

(8) 程序段结束符

程序段结束符写在每一程序段之后,表示程序结束。当程序用 EIA 标准代码时,结束符为“CR”。当程序用 ISO 标准代码时,结束符为“NI”或“LF”。有的程序用符号“;”或“,”表示程序段结束符。

▶▶ 任务拓展

试解释下列程序中各程序段执行的内容。

```
O0002;
N005  T0202  M06;
N010  G54  G90  G00  X150  Y150  Z10;
N015  M03  S500  M08;
N020  G01  Z-30  F50;
N020  Z10;
N025  X100  Y100;
NO30  Z-30;
```

```
N035  Z10  M09;
N040  M30;
```

任务三　数控车削编程基础的了解

▶▶ 任务引入

数控编程可以简单分为自动编程和手工编程两种。自动编程是指利用计算机专用软件,利用人机互动方式自动生成零件的数控加工程序。手工编程是指利用已经掌握的数控系统编程指令,结合数控加工工艺知识,用手工方式编写数控程序,实现零件数控加工。现在,我们以 FANUC 0T 系统为例来学习手工编制数控车削程序。

▶▶ 任务目标

初步掌握零件数控车削程序编写方法。

学习数控车削编程(FANUC 0T 系统)。

▶▶ 必备知识

1. 快速定位指令(G00)

指令格式:

```
G00  X(U)__  Z(W)__;
```

快速定位指令采用绝对值方式或者增量值方式,使刀具以快速进给速度向工件坐标系的某一点移动。执行绝对值指令时,刀具分别以各轴快速进给速度移动到工件坐标系中坐标值为(X,Z)的点上;执行增量值指令时,刀具移至相对前一位置距离为(U,W)的点上。

用 G00 移动时,刀具轨迹并非直线,各轴以最快速度移动。所以使用 G00 指令时要注意刀具是否和工件或夹具发生干涉。忽略这一点就容易引起碰撞,而在快速状态下的碰撞更加危险。

例 1-1　如图 1-7 所示,刀具从 A 点运动到 B 点,其指令如下:

G00 X40.0 Z56.0 或 G00 U-100.0 W-30.5

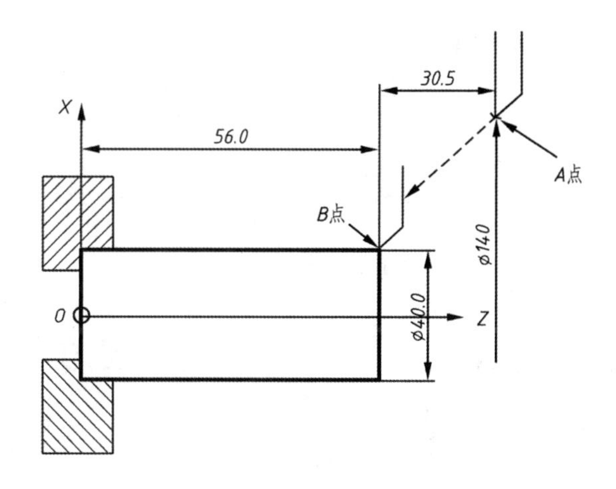

图 1-7　例 1-1 图

在由 G00 定位的方式中,程序段的开头部分用已给定的速度进行加速。程序段的结束部分进行减速,并根据参数确认到达位置状态的情况之后执行下一个程序段。

2. 直线插补指令(G01)

直线插补指令是直线运动指令。它命令刀具按指定的 F 进给速度做任意斜率的直线运动。

指令格式:

G01　X(U)__　Z(W)__　F__;

执行绝对值指令时,刀具以 F 的进给速度进行直线插补,移动到工件坐标系中坐标值为(X,Z)的点上;执行增量值指令时,刀具则移至相对前一位置距离为 U、W 的点上。而 F 是进给路线的进给速度指令代码,在没有新的 F 以前一直有效。F 指令不必在每个程序段中都写入。

例 1-2　如图 1-8 所示,选右端面的 O 为编程原点。

① 绝对值编程:

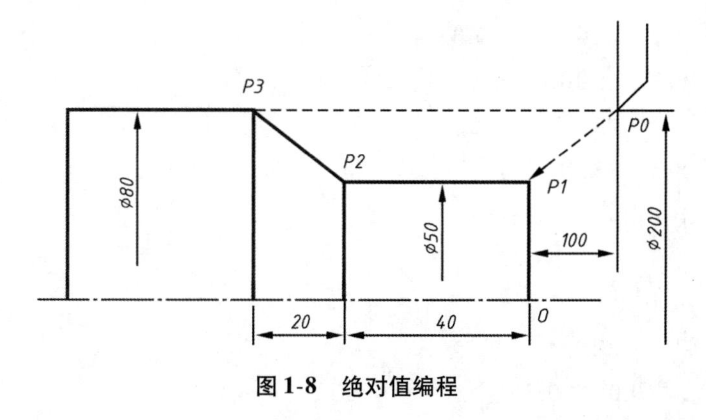

图 1-8　绝对值编程

N10　G00　X50.0　Z2.0　S600.0　T0101　M03;　P0 → P1

N20　G01　Z-40.0　F100.0;　刀尖按 F 值,P1 → P2

```
N30  X80.0  Z-60.0;                    P2 → P3
N40  G00  X200.0  Z100.0;              P3 → P0
…
```

② 增量值编程:

```
…
N10  G00  U-150.0  W-98.0  S600.0  T0101  M03;
N20  G01  W-42.0  F100.0;
N30  U30.0  W-20.0;
N40  G00  U120.0  W160.0;
…
```

例 1-3 已知毛坯为 ϕ33 mm,L = 110 mm 的棒料,3 号刀为外圆刀,5 号刀为切断刀,如图 1-9 所示。试编制车削程序。

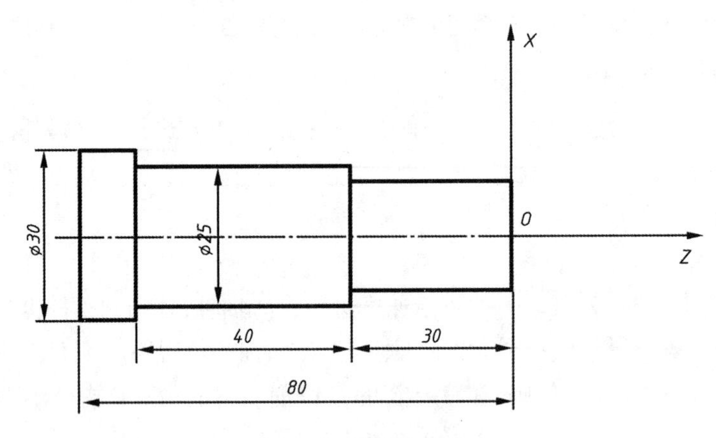

图 1-9 增量值编程

编写程序如下:

```
O1001;
N10  G50  X60.0  Z20.0;
N20  M03  S800.0  T0303;
N30  G00  X35.0  Z2.0;
N40  G01  X30.0  F0.3;
N50  Z-80.0  F0.3;
N60  G00  U2.0;
N70  Z2.0;
N80  G01  X25.0;
N90  Z-70.0  F0.3;
N100  G00  U2.0;
N110  Z2.0;
```

```
N120  G01  X20.0;
N130  W-32.0  F0.3;
N140  G28  U0  W0  T0300;
N150  M03  S300  T0505;                    以右刀尖为基准
N160  G00  X35.0  Z-80.0;
N170  G01  X0  F0.1;
N180  G00  X200.0  Z100.0  T0500  M05;
N190  M30;
```

3. 圆弧插补指令(G02、G03)

圆弧插补是用来指令刀具在给定平面内以 F 进给速度做圆弧插补运动(圆弧切削)的指令:

指令格式:

```
G02  X(U)__  Z(W)__  I__  K__  F__;        圆弧中心点编程
G03  X(U)__  Z(W)__  R__  F__;             圆弧半径编程
```

指令中各指令字的含义如表 1-3 所示。

表 1-3　各指令字的含义

项目	指定内容		指令	含义
1	旋转方向		G02	顺时针旋转(CW)
			G03	逆时针旋转(CCW)
2	终点位置	绝对值	X,Z	终点坐标
		增量值	U,W	从始点到终点的距离
3	从始点到圆心的距离		I,K	从始点到圆心的矢量分别在 X 轴和 Z 轴上的投影(带符号)
	圆弧的半径		R	圆弧的半径
4	进给速度		F	沿着圆弧的速度

当用绝对值编程时,X、Z 指圆弧终点在工件坐标系中的坐标值。当用相对值编程时,U、W 为终点相对于起点的位移量。

用地址 I、K 来指令圆弧圆心的坐标值时,I、K 为从圆弧始点到圆心的矢量分别在 X 轴和 Z 轴上的投影(有正、负)。

用半径 R 来指定圆心位置时,由于在同一半径 R 的情况下,从圆弧的起点到终点有两个圆弧的可能性,如图 1-10 所示,为方便区分,规定如下:圆心角 $\alpha \leq 180°$ 时,半径用“$+R$”表示,如图 1-10 中的圆弧 1;圆心角 $\alpha > 180°$ 时,半径用“$-R$”表示,如图 1-10 中的圆弧 2。

注意：用 R 编程只适于非整圆的圆弧插补的情况，不适于整圆的加工。

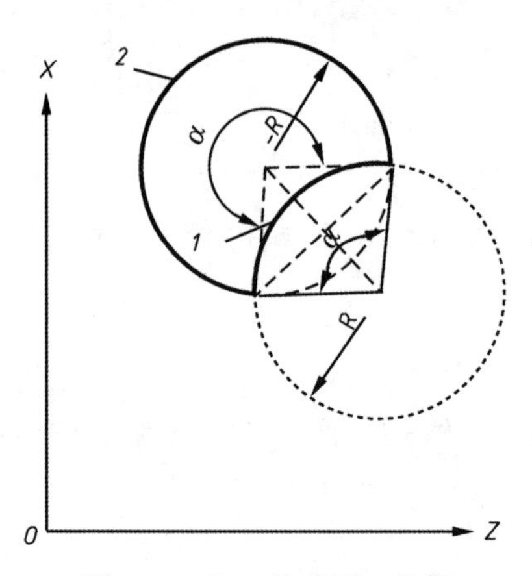

图 1-10 用 *R* 指定圆心位置

圆弧插补指令分为顺时针圆弧插补指令 G02 和逆时针圆弧插补指令 G03。沿着弧所在平面（如 *XZ* 平面）的垂直坐标轴（*Y*）的负方向（-*Y*）看去，顺时针方向为 G02，逆时针方向为 G03。

例 1-4 如图 1-11 所示。

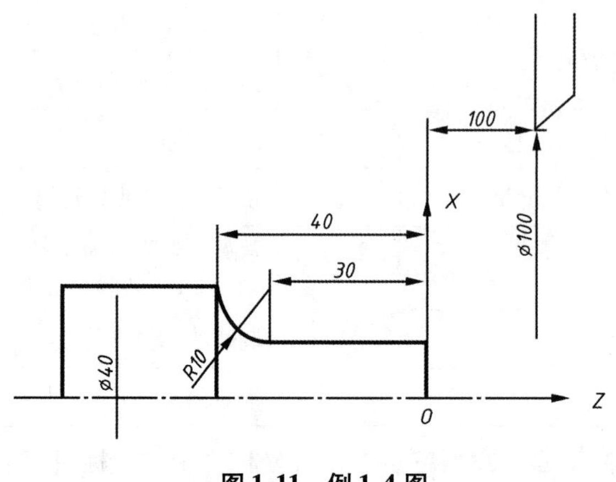

图 1-11 例 1-4 图

方法一：用 R 表示圆心位置，采用绝对值编程。

```
…
N40  G01  Z-30.0  F80.0;
N50  G02  X40.0  Z-40.0  R10.0  F20.0;
…
```

方法二:用 I、K 表示圆心位置。

采用绝对值编程:

```
…
N30  G00  X20.0  Z2.0;
N40  G01  Z-30.0  F20.0;
N05  G02  X40.0  Z-40.0  I10.0  K0.0  F20.0;
…
```

采用增量值编程:

```
…
N03  G00  U-80.0  W-98.0;
N04  G01  U0.0  W-32.0  F20.0;
N05  G02  U20.0  W-10.0  I10.0  K0.0  F20.0;
…
```

例 1-5 如图 1-12 所示。

方法一:用 R 表示圆心位置,采用绝对值编程。

```
…
N40  G00  X28.0  Z2.0;
N50  G01  Z-40.0  F80.0;
N60  G03  X40.0  Z-46.0  R6.0  F60.0;
…
```

方法二:用 I、K 表示圆心位置。

采用绝对值编程:

```
…
N40  G00  X28.0  Z2.0;
N50  G01  Z-40.0  F80.0;
N60  G03  X40.0  Z-46.0  I0.0  K-6.0  F60.0;
…
```

采用增量值编程:

```
…
N40  G00  U-150.0  W-98.0;
N50  G01  W-42.0  F80.0;
N60  G03  U12.0  W-6.0  I0.0  K-6.0  F60.0;
…
```

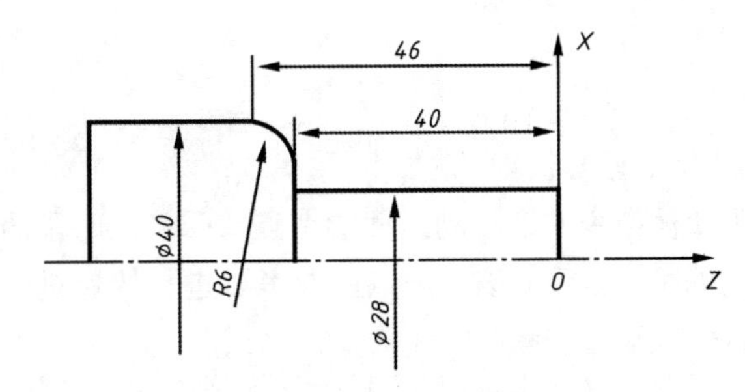

图 1-12 例 1-5 图

4. 暂停指令(G04)

指令格式:

```
G04  X __;或 G04  U __;或 G04  P __;
```

使用G04指令可暂停程序,即执行前一个程序段之后,延时一段时间后再执行下一个程序段。

例1-6 要让程序暂停2.5 s,程序如下:

```
G04  X2.5;
G04  U2.5;
G04  P2500;
```

上述指令地址中,P后面不能使用小数点,单位为毫秒(ms)。X及U后面采用小数点,指定单位为秒(s)。

在数控车床上暂停指令一般用于车槽、镗孔、钻孔指令后,以提高表面质量及有利于铁屑充分排出;还可用于拐角轨迹控制。由于系统的自动加减速作用,刀具在拐角处的轨迹并不是直角。如果对拐角处的精度要求很严,其轨迹必须是直角时,我们可在拐角处使用暂停指令。

5. 参考点功能指令(G27、G28)

所谓参考点就是机床上可以使刀具容易移到的某一固定点,是机床的基准点。

(1) 返回参考点检测指令(G27)

指令格式:

```
G27  X(U)__  Z(W)__;
```

G27指令用于检查X轴与Z轴是否能正确返回参考点。执行G27指令的前提是机床在通电后必须返回过一次参考点(手动返回或G28指令返回)。

执行G27指令时,刀具快速在被指令的位置上定位。所到达的位置是参考点时,返回参考点的灯亮。仅一个轴返回参考点时,则对应轴的灯亮。此外,定位结束后,若轴被指令时没有返回参考点,系统将报警。

> **注意:** 用G27指令前应取消补偿值。

(2) 自动返回参考点指令(G28)

指令格式:

```
G28  X(U)__  Z(W)__;
```

其中,X(U)、Z(W)为中间点坐标。

执行G28指令,可使被指令的轴自动返回参考点。G28程序段的操作首先用快速进给使被指令的轴移向中间点,然后从该中间点向参考点进行快速进给定位。如果系统不处于机床锁住状态,那么轴返回参考点后灯亮。

该指令一般用于自动换刀(ATC)。因此,执行该指令时要取消刀具位置偏置。

例 1-7　如图 1-13 所示,执行“G28　X40.0　Z50.0;”指令。

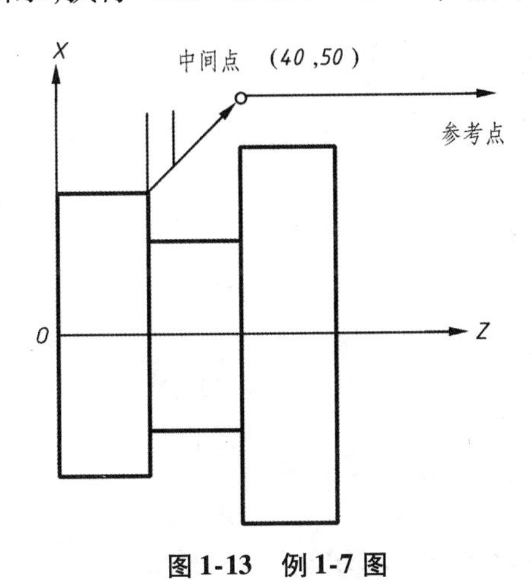

图 1-13　例 1-7 图

例 1-8　对图 1-14 所示工件,先用 1 号刀精车外圆,然后用 2 号刀车槽,槽深为1 mm。试编写加工程序。

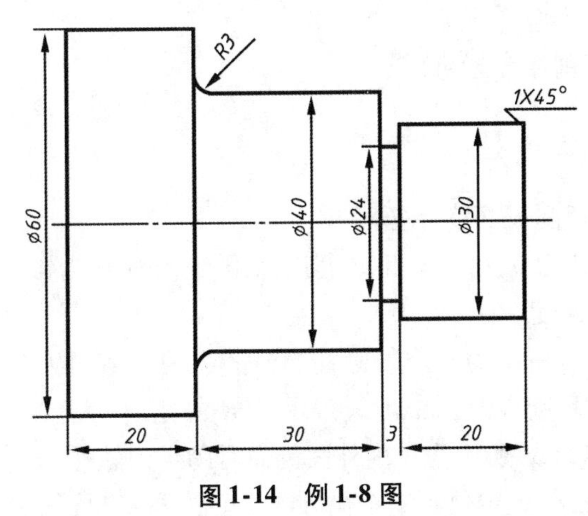

图 1-14　例 1-8 图

程序如下:

```
O0412;
N10  G50  X100.0  Z100.0;
N20  G97  G99  S800  T0101  M03;
N30  G00  X40.0  Z2.0;
N40  G01  X24.0  F0.1;
N50  X30.0  Z-1.0;
N60  Z-23.0;
N70  X40.0;
N80  Z-50.0;
```

```
N90  G02  X46.0  Z-53.0  R3.0;
N100  G01  X63.0;
N110  G00  G40  X100.0  Z100.0  T0100;
N120  M05;
N130  G97  G99  S300  T0202  M03;
N140  G00  X42.0  Z-23.0;
N150  G01  X26.0  F0.1;
N160  X24.0;
N170  G04  X2.0;
N180  G00  X42.0;
N190  X200.0  Z100.0  T0200;
N200  M30;
```

6. 单一形状固定循环指令(G90、G94)

在某些精车的特殊加工中,由于切削余量大,通常相同的走刀轨迹要重复多次。此时我们可利用固定循环功能。一般用一个固定循环的程序段即可指令多个单个程序段指定的加工轨迹,使编程大大简化。

(1) 外径、内径车削循环指令(G90)

指令格式:

```
G90  X(U)__  Z(W)__  R__  F__;
```

其中,X(U)、Z(W)为切削表面终点坐标。

当加工圆柱面时 R 为 0,可省略此项;当加工圆锥面时 R 为锥体面切削始点与切削终点的半径差;F 为进给速度。

例 1-9 图 1-15(a)所示为车削外圆柱面时的走刀轨迹。刀具从循环起点开始按矩形循环,最后又回到循环起点。图中虚线表示按 *R* 快速运动,实线表示按 *F* 指定的工作进给速度运动。图 1-15(b)所示为车削外圆锥面时的走刀轨迹。

执行 G90 前刀具必须先定位到一个循环起点。注意:刀具每次执行完 G90 要回到循环起点。

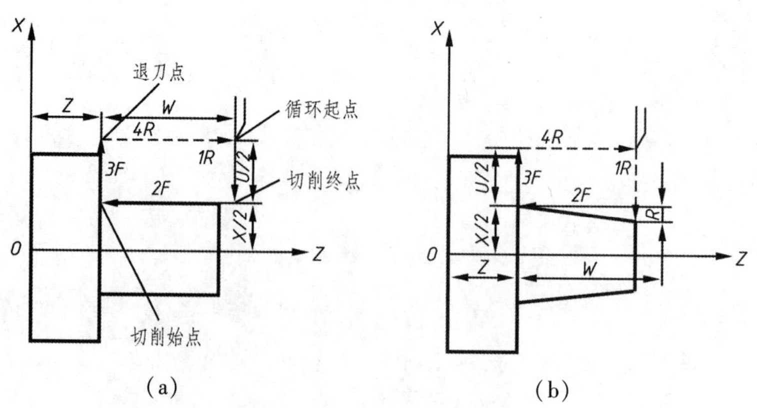

图 1-15 车削外圆柱面和外圆锥面时的走刀轨迹

图 1-16(a)的有关程序如下:

```
…
G00  X60.0  Z70.0;                  确定循环起点
G90  X40.0  Z20.0  F30;             A→B→C→D→A
X30.0;                              A→E→F→D→A
X20.0;                              A→G→H→D→A
…
```

图 1-16(b)的有关程序如下:

```
…
G90  X40.0  Z20.0  I-5  F0.3;       A→B→C→D→A
X30.0;                              A→E→F→D→A
X20.0;                              A→G→H→D→A
…
```

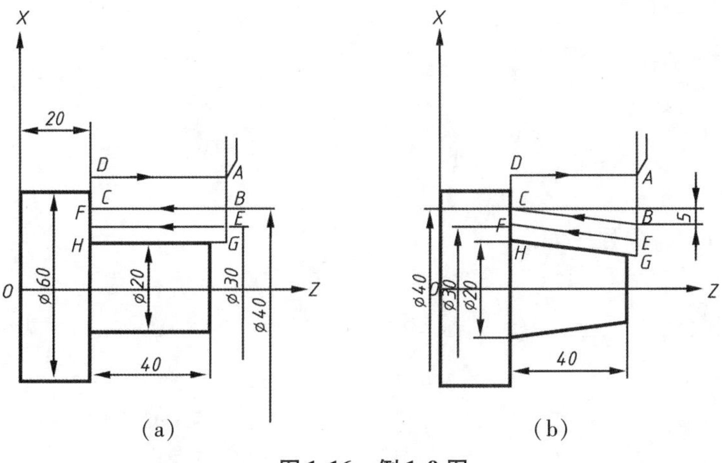

图 1-16　例 1-9 图

(2) 端面车削循环指令(G94)

指令格式:

G94　X(U)__　Z(W)__　R__　F__;

其中,X(U)、Z(W)为切削终点坐标;R 为端面切削始点至终点位移在 Z 轴方向的坐标增量,在切削端平面时为零,可省略。

例 1-10　执行 G94 指令,车削平面和带有锥度的端面的走刀轨迹分别如图 1-17(a)和(b)所示。

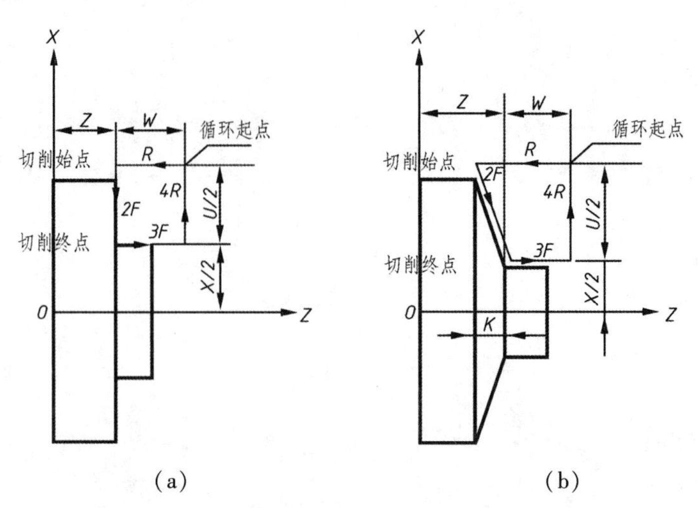

(a)　　　　(b)

图 1-17　车削平面和带有锥度的端面的走刀轨迹图

图 1-18(a)的有关程序如下:

```
…
G94  X50.0  Z16.0  F0.3;        A→B→C→D→A
Z13.0;                          A→E→F→D→A
Z10.0;                          A→G→H→D→A
…
```

图 1-18(b)的有关程序如下:

```
…
G94  X15.0  Z33.48  K-3.48  F30.0;     A→B→C→D→A
Z31.48;                                A→E→F→D→A
Z28.78;                                A→G→H→D→A
…
```

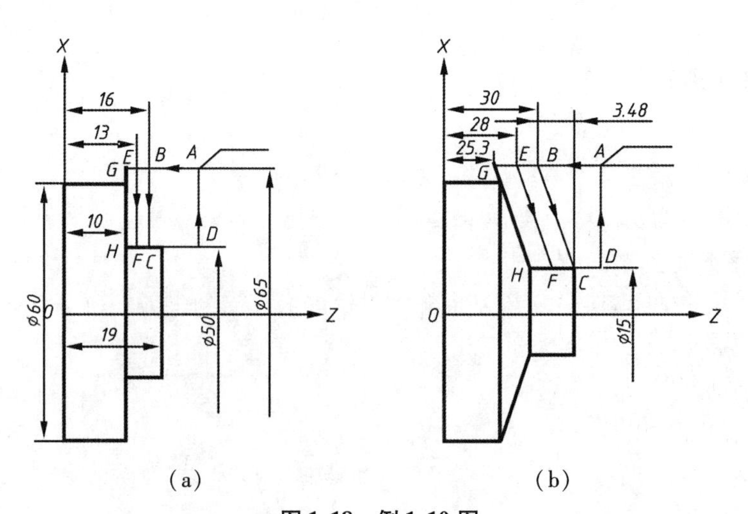

(a)　　　　(b)

图 1-18　例 1-10 图

注意： 如果在固定循环中使用M、S、T指令，则固定循环和M、S、T功能同时被执行。如果加工不允许，则应将固定循环先取消，执行M、S、T后，再执行固定循环。例如：

```
N003  T0101;
N010  G90  X20.0;
N011  G00  T0202;
N012  G90  X20.0;
```

7. 复合形状固定循环指令（G71、G72、G73、G70）

复合形状固定循环指令用于非一次加工即能加工到规定尺寸的场合。运用这组G代码时，只需指定精加工路径和粗加工的背吃刀量，系统就会自动计算出粗加工路径和加工次数。复合形状固定循环指令主要有以下几种：

(1) 粗车外圆循环指令（G71）

G71适用于粗车圆柱毛坯外圆和圆筒毛坯内孔。图1-19所示为用G71粗车外圆的加工路线。其中*C*是粗车循环的起点，*A*是毛坯外圆与端面轮廓的交点。

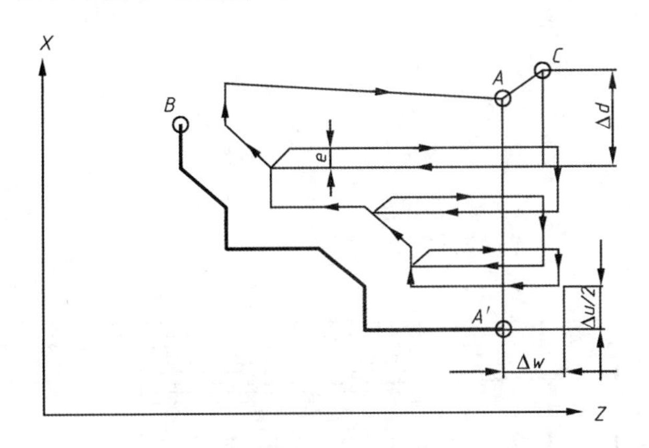

图1-19　用G71粗车外圆的加工路线

指令格式：

```
G71  U(Δd)  R(e);
G71  P(ns)  Q(nf)  U(Δu)  W(Δw)  F(f)  S(s)  T(t);
```

其中，Δd为背吃刀量（半径值）；e为退刀量，也可以用参数设定；ns为精加工路径的第一个程序段的顺序号；nf为精加工路径的最后一个程序段的顺序号；Δu为*X*轴方向精加工余量；Δw为*Z*轴方向精加工余量；f、s、t为F、S、T代码所赋的值。

在此应注意以下几点：

① 在使用G71进行粗加工循环时，只有包含在G71程序段中的F、S、T才有效。而包含在ns→nf程序段中的F、S、T，即使被指定，对粗车循环也无效。

② A 和 A'之间的刀具轨迹是在包含 G00 或 G01 的顺序号为“ns”的程序段中被指定，并且在这个程序段中，Z 轴的运动指令不能被指定。

③ A'和 B 之间的刀具轨迹在 X 轴和 Z 轴方向必须呈单调增大或减少。

④ 可以进行刀具补偿。

例 1-11 根据图 1-20，编写粗车循环加工程序。

```
O0001;
N10  G50  X200.0  Z140.0;
N20  G97  G99  G40  S240.0  M03  T0101;
N30  G00  X120.0  Z10.0  M08;
N40  G71  U2.0  R0.1;
N50  G71  P60  Q120  U2.0  W1.0  F0.3;
N60  G00  X40.0;
N70  G01  Z-30.0  F0.15  S150.0;
N80  X60.0  Z-60.0;
N90  Z-80.0;
N100  X100.0  Z-90.0;
N110  Z-110.0;
N120  X120.0  Z-130.0;
N130  G00  X125.0  G40;
N140  X200.0  Z140.0  T0100  M05;
N150  M02;
```

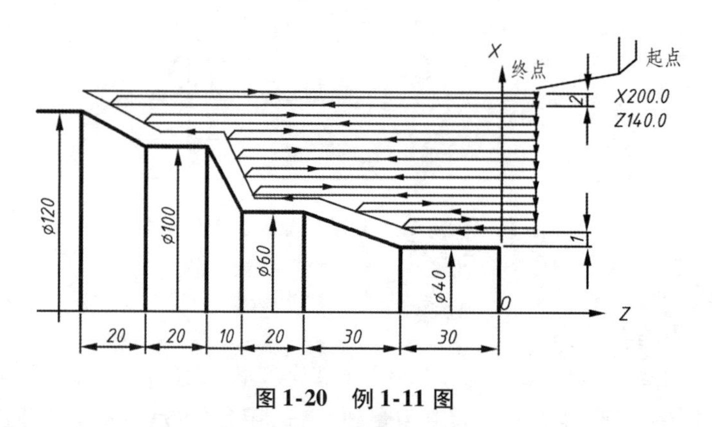

图 1-20 例 1-11 图

(2) 端面粗加工循环指令(G72)

指令格式：

```
G72  U(Δd)  R(e);
G72  P(ns)  Q(nf)  U(Δu)  W(Δw)  F(f)  S(s)  T(t);
```

G72 适用于圆柱棒料毛坯端面方向粗车。图 1-21 所示为从外圆方向往轴心方向车削端面的加工路线。

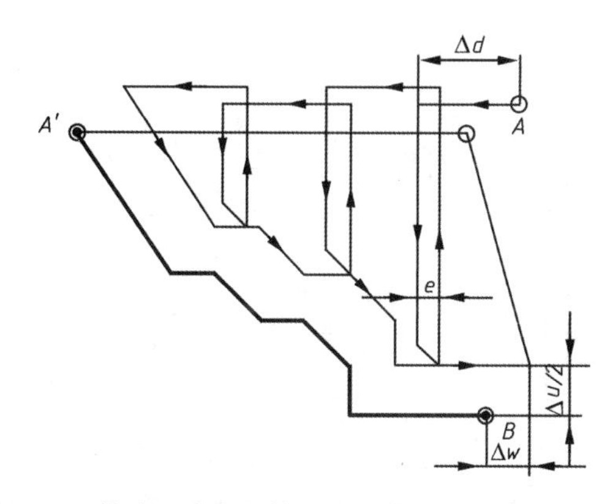

图 1-21 从外圆方向往轴心方向车削端面的加工路线

其中除了切削是平行于 *X* 轴的操作外,该循环与 G71 相同。

注意以下几点:

① 在使用 G72 进行粗加工循环时,只有包含在 G72 程序段中的 F、S、T 才有效。而包含在 ns→nf 程序段中的 F、S、T,即使被指定,对粗车循环也无效。

② *A* 和 *A'*之间的刀具轨迹是在包含 G00 或 G01 的顺序号为“ns”的程序段中被指定,并且在这个程序段中,*X* 轴的运动指令不能被指定。

例 1-12 图 1-22 所示零件的加工程序如下:

```
N10  G50  X220.0  Z200.0;
N20  G97  G99  G40  S220.0  T0101  M03;
N30  G00  X176.0  Z2.0  M08;
N40  G72  U3.0  R0.1;
N50  G72  P60  Q110  U2  W0.5  F0.3;
N60  G00  X160.0  Z60.0;
N70  G01  X120.0  Z70.0  F0.15  S150.0;
N80  Z80.0;
N90  X80.0  Z90.0;
N100  Z110.0;
N110  X36.0  Z132.0;
N120  G00  X200.0  Z200.0  T0100  M05;
N130  M02;
```

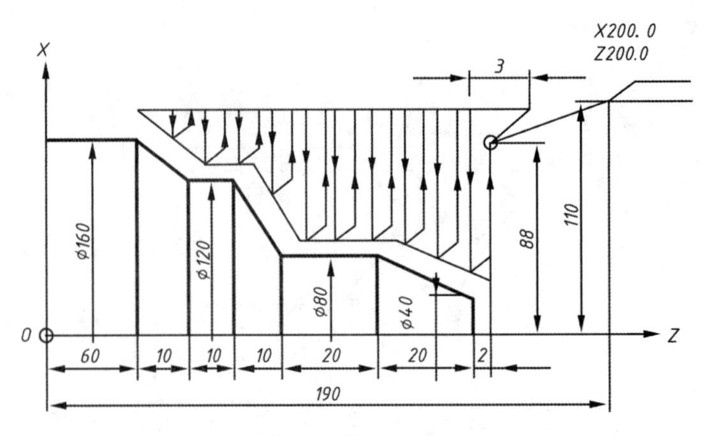

图 1-22 例 1-12 图

(3) 固定形状粗加工复合循环指令(G73)

所谓固定形状粗加工复合循环,就是按照一定的切削形状加工并逐渐地接近最终形状。该功能适合加工已基本铸造或锻造成形的一类工件。G73 循环方式如图 1-23 所示。

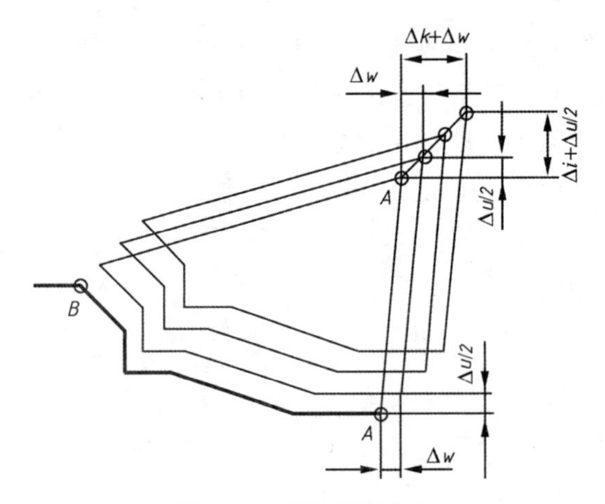

图 1-23 G73 循环方式

指令格式:

```
G73  U(Δi)  W(Δk)  R(d);
G73  P(ns)  Q(nf)  U(Δd)  W(Δw)  F(f)  S(s)  T(t);
```

其中,Δi 为 X 轴上总吃刀量(半径值);Δk 为 Z 轴上的总吃刀量;d 为重复加工次数。其余与 G71 相同。

用 G73 时,与 G71、G72 一样,只有 G73 程序段中的 F、S、T 才有效。

例 1-13 图 1-24 对应的程序如下:

```
N10  G50  X200.0  Z200.0;
N20  G99  G97  G40  S200.0  T0101  M03;
N30  G00  X140.0  Z40.0  M08;
```

```
N40  G73  U9.5  W9.5  R3.0;
N50  G73  P70  Q130  U1.0  W0.5  F0.3;
N60  G00  X20.0  Z0.0;
N70  G01  Z-20.0  F0.15  S150.0;
N80  X40.0  Z-30.0;
N90  Z-50.0;
N100  G02  X80.0  Z-70.0  R20.0;
N110  G01  X100.0  Z-80.0;
N120  X105.0;
N130  G00  X200.0  Z200.0;
N140  M30;
```

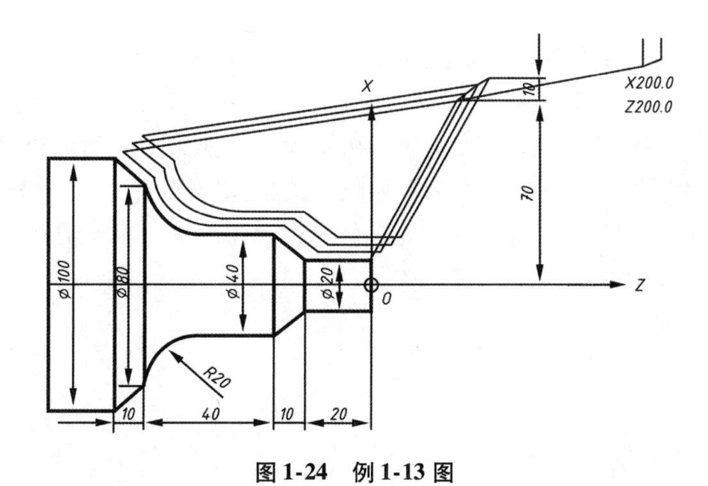

图 1-24 例 1-13 图

(4) 精加工循环指令(G70)

用 G71、G72 完成粗加工后,可以用 G70 进行精加工。

指令格式:

```
G70  P(ns)  Q(nf)  F(f)
```

其中,ns 和 nf 与前述的含义相同。

在这里,G71、G72、G73 程序段中的 F、S、T 都无效,只有在 ns→nf 程序段中 F、S、T 才有效。以例 1-13 的程序为例,在 N120 程序段之后再加上"N130 G70 P60 Q120;",就可以完成从粗加工到精加工的全过程。

8. 螺纹加工指令(G32、G92)

(1) 单一螺纹切削指令(G32)

指令格式:

```
G32  X(U)__  Z(W)__  F__;
```

G32 指令可以执行单一行程螺纹切削。车刀进给运动严格根据输入的螺纹导程进行。但是,车刀的切入、切出、返回均需编入程序。

F 为螺纹导程。当锥螺纹(图 1-25)的斜角 α 在 45°以下时,螺纹导程以 Z 轴方向值指定;当斜角为 45°～90°时,螺纹导程以 X 轴方向值指定。

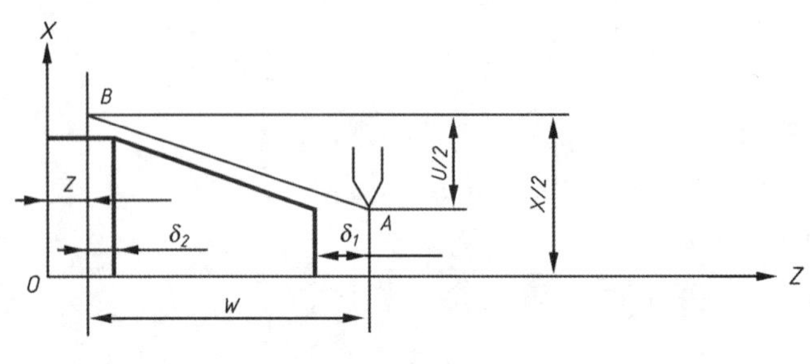

图 1-25 锥螺纹

通常螺纹切削,从粗车到精车需要刀具多次在同一轨迹上进行切削,且需要在两端设置足够的升速进刀段 δ1 和降速退刀段 δ2。

由于螺纹切削是从检测主轴上的位置编码器输出一转信号后开始的,因此无论进行几次螺纹切削,工件圆周上切削始点都是相同的,螺纹切削轨迹也都是相同的。但是,从粗车到精车主轴的转速必须是恒定的。主轴转速发生变化时,螺纹会产生一些偏差。

例 1-14 如图 1-26 所示,螺纹导程 $F=4$ mm,$\delta_1=3$ mm,$\delta_2=2$ mm。切深:1 mm(2 次切削)。加工程序如下:

```
…
G00  U-62.0;
G32  W-75.0  F4.0;
G00  U62.0;
W75.0;
U-64.0;
G32  W-75.0;
G00  U64.5;
W75.0;
…
```

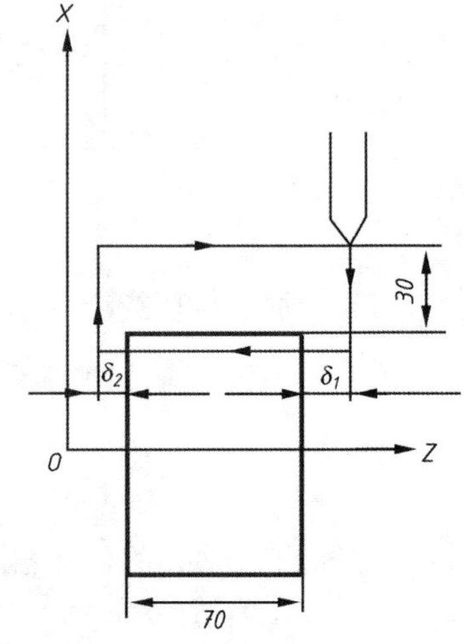

图 1-26 例 1-14 图

例 1-15 如图 1-27 所示,Z 方向螺纹导程 $F=3.5$ mm,$\delta_1=2$ mm,$\delta_2=1$ mm。X 方向切深:1 mm(2 次切削)。加工程序如下:

```
…
G00  X12.0  Z72.0;
G32  X41.0  Z29.0  F3.0;
G00  X50.0;
```

```
Z72.0;
X10.0;
G32  X39.0  Z29.0;
G00  X50.0;
Z72.0;
…
```

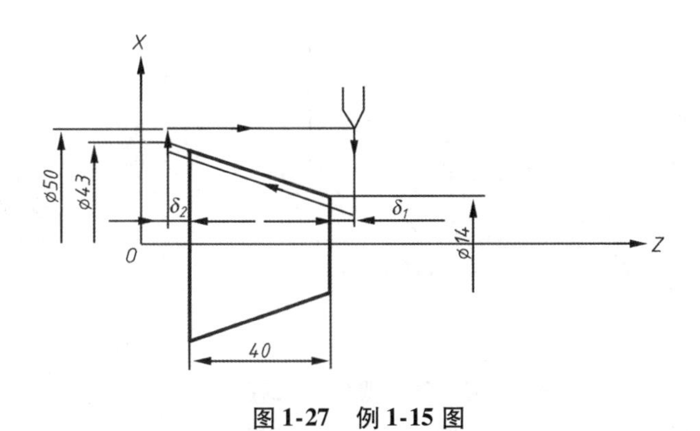

图 1-27　例 1-15 图

(2) 螺纹切削循环指令(G92)

指令格式:

```
G92  X(U)__  Z(W)__  I__  F__;
```

其中,X(U)、Z(W)为螺纹终点坐标。I 为螺纹的始点与终点半径差。加工圆柱螺纹时,I 为零,可省略。F 为螺纹导程。

该指令可切削圆锥螺纹和圆柱螺纹,图 1-28(a)所示为圆锥螺纹循环,图 1-28(b)所示为圆柱螺纹循环。刀具从循环起点开始,按 *A*、*B*、*C*、*D* 进行自动循环,最后又回到循环起点 *A*。图中虚线表示按 *R* 快速移动,实线表示按 *F* 指定的工作进给速度移动。

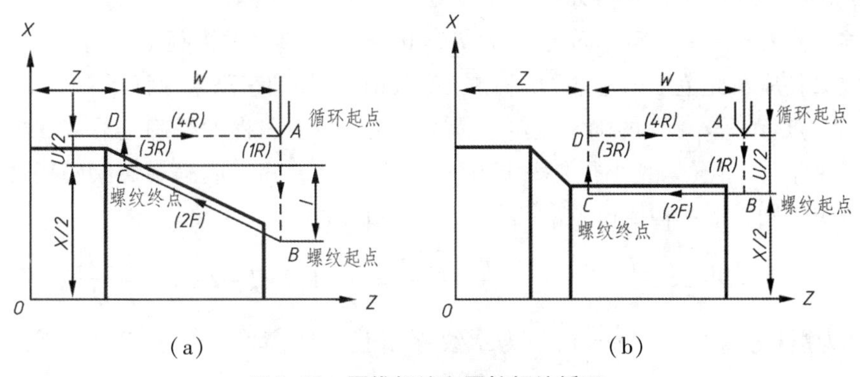

图 1-28　圆锥螺纹和圆柱螺纹循环

9. 螺纹切削加工过程中有关尺寸的确定

(1) 螺纹牙型高度(螺纹总切深)

螺纹牙型高度是指在螺纹牙型上,牙顶到牙底之间垂直于螺纹轴线的距离,如图1-29所示。它是车削时车刀总切入深度。

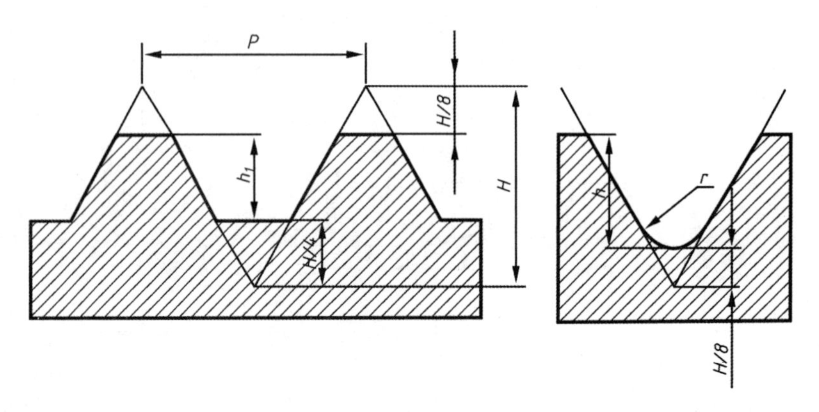

图1-29 螺纹方型高度

根据GB/T 192～197—1981普通螺纹国家标准,普通螺纹的牙型理论高度 $H=0.866P$。在实际加工时,由于受螺纹车刀刀尖半径的影响,螺纹的实际切深有变化。根据GB/T 197—1981规定,螺纹车刀可在牙底最小削平高度 $H/8$ 处削平或倒圆。螺纹实际牙型高度可按下式计算:

$$h=H-2\cdot\frac{H}{8}=0.6495P$$

式中,H 为螺纹原始三角形高度,$H=0.866P$(mm);P 为螺距(mm)。

(2) 螺纹起点与螺纹终点径向尺寸的确定

在螺纹加工中,径向起点(编程大径)的确定决定于螺纹大径。例如,要加工M30×2-6g外螺纹,由GB/T 197—1981可知:

基本偏差为 $es=-0.038$ mm,公差为 $Td=0.28$ mm,则螺纹大径尺寸为 $\phi30_{-0.318}^{-0.038}$ mm,所以螺纹大径应在此范围内选取,并在加工螺纹前,由外圆车削来保证。

径向终点(编程小径)的确定决定于螺纹小径。因为编程大径确定后,螺纹总切深在加工中是由编程小径(螺纹小径)来控制的。螺纹小径的确定应满足螺纹中径公差要求。设牙底由单一圆弧形状构成(圆弧半径为 R),则螺纹小径可用下式计算:

$$d=D-2\left(\frac{7H}{8}-R-\frac{es}{2}+\frac{1}{2}\times\frac{Td_2}{2}\right)=D-1.75H+2R+es-\frac{Td_2}{2}$$

式中,D 为螺纹公称直径(mm);H 为螺纹原始三角形高度(mm);R 为牙底圆弧半径(mm),一般取 $R=\left(\frac{1}{8}\sim\frac{1}{6}\right)H$;$es$ 为螺纹中径基本偏差(mm);Td_2 为螺纹中径公差(mm)。

取 $R=\frac{1}{8}\times0.866\times2\text{ mm}=0.2165\text{ mm}\approx0.2\text{ mm}$,则螺纹小径为

$$d=\left(30-1.75\times0.866\times2+2\times0.2-0.038-\frac{0.17}{2}\right)\text{ mm}=27.246\text{ mm}$$

一般也可按下式近似计算：

$$螺纹大径\approx公称直径-\frac{H}{4}$$

$$螺纹小径\approx螺纹大径-2\times螺纹牙深\ h$$

(3) 螺纹起点与螺纹终点轴向尺寸的确定

由于车螺纹起始时有一个加速过程，结束前有一个减速过程，螺纹不可能保持均匀，因此车螺纹时，在两端必须设置足够的升速进刀段 δ_1 和减速退刀段 δ_2。

(4) 分层切削深度

如果螺纹牙型较深、螺距较大，加工可分几次进给。每次进给的背吃刀量用螺纹深度减精加工背吃刀量所得的差按递减规律分配，如图 1-30 所示。常用螺纹切削的进给次数与背吃刀量可参考表 1-4 选取。在实际加工中，用牙型高度控制螺纹直径时，一般通过试切来满足加工要求。

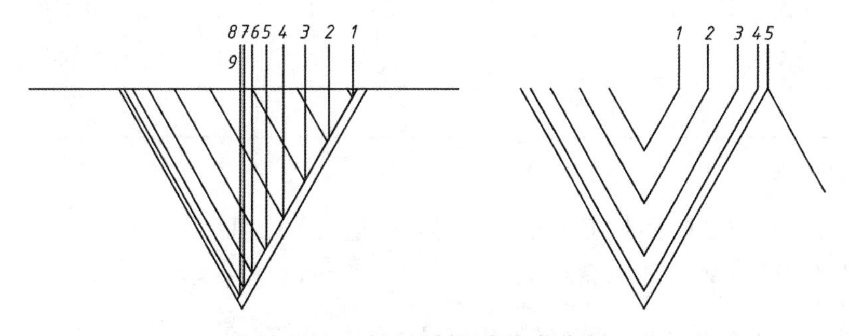

图 1-30 分层切削深度依次递减

表 1-4 常用螺纹切削的进给次数与背吃刀量

米制螺纹(单位:mm)								
螺距		1.0	1.5	2.0	2.5	3.0	3.5	4.0
牙深		0.649	0.974	1.299	1.624	1.949	2.273	2.598
背吃刀量及切削次数	1 次	0.7	0.8	0.9	1.0	1.2	1.5	1.5
	2 次	0.4	0.6	0.6	0.7	0.7	0.7	0.8
	3 次	0.2	0.4	0.6	0.6	0.6	0.6	0.6
	4 次		0.16	0.4	0.4	0.4	0.6	0.6
	5 次			0.1	0.4	0.4	0.4	0.4
	6 次				0.15	0.4	0.4	0.4

续表

米制螺纹(单位:mm)								
背吃刀量及切削次数	7 次					0.2	0.2	0.4
	8 次						0.15	0.3
	9 次							0.2
英制螺纹(单位:inch)								
牙		24	18	16	14	12	10	8
牙深		0.678	0.904	1.016	1.162	1.355	1.626	2.033
背吃刀量及切削次数	1 次	0.8	0.8	0.8	0.8	0.9	1.0	1.2
	2 次	0.4	0.6	0.6	0.6	0.6	0.7	0.7
	3 次	0.16	0.3	0.5	0.5	0.6	0.6	0.6
	4 次		0.11	0.14	0.3	0.4	0.4	0.5
	5 次				0.13	0.21	0.4	0.5
	6 次						0.16	0.4
	7 次							0.17

(5) 编程举例

要车削如图 1-31 所示的 M30×2-6g 的普通螺纹,试编写程序。

由 GB/T 197—1981 知:该螺纹大径为 $\phi30_{-0.318}^{-0.038}$ mm,所以编程大径取为 $\phi29.7$ mm。设牙底由单一圆弧形状构成,取圆弧半径为 $R=\frac{1}{8}H\approx0.2$ mm,则编程小径为

$d=\left(30-\frac{7}{4}\times0.866\times2+2\times0.2-0.038-\frac{0.17}{2}\right)$ mm $=27.246$ mm。取编程小径为 $\phi27.3$ mm。

编写加工程序如下:

```
N10  G50  X270.0  Z260.0;
N20  M03  S800.0  T0101;
N30  G00  X35.0  Z104.0;
N40  G92  X28.0  Z53.0  F2.0;
N50  X28.2;
N60  X27.0;
N70  X27.3;
N80  G00  X270.0  Z260.0  T0100;
N90  M05;
N100  M30;
```

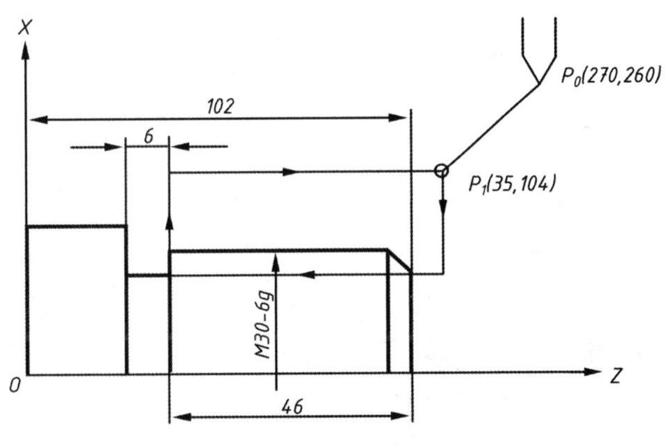

图 1-31　车削普通螺纹

10. 螺纹切削复合循环指令(G76)

指令格式:

```
G76  P(m)(r)(α)  Q(Δdmin)  R(d)
G76  X(U)__  Z(W)__  R(i)  P(k)  Q(Δd)  F__
```

其中,X、Z、U、W 的含义与 G92 中的含义相同;m 为精加工重复次数(1～99),该值是模态的;r 为倒角量;α 为刀尖角度,可以选择 80°、60°、55°、30°、29°和 0°六种中的一种,由两位数规定,该值是模态的;Δdmin 为最小切深(用半径值指定);d 为精加工余量;i 为螺纹半径差,如果 i=0,可以进行普通直螺纹切削;k 为螺纹牙形高度(半径值),通常为正值;Δd 为第一刀切削深度(半径值),通常为正值;F 为指令螺纹导程。

图 1-32 所示为螺纹走刀路线及进刀法。

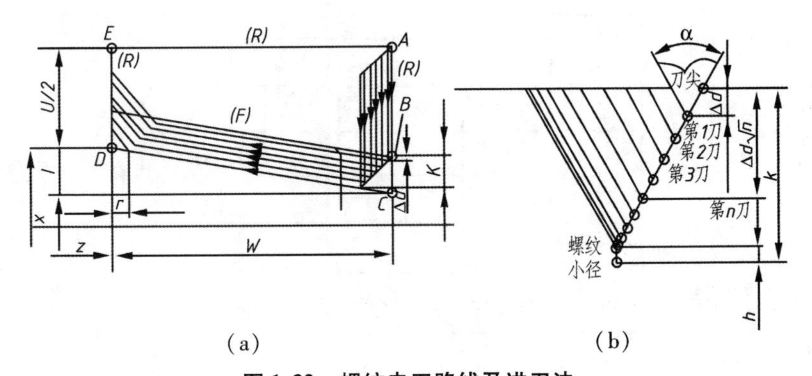

(a)　(b)

图 1-32　螺纹走刀路线及进刀法

例 1-16　如图 1-33 所示,编写加工程序如下:

```
…
G00  X80.0  Z130.0;
G76  P011060  Q0.1  R0.2;
G76  X55.564  Z25.0  P3.68  Q1.8  F6.0;
…
```

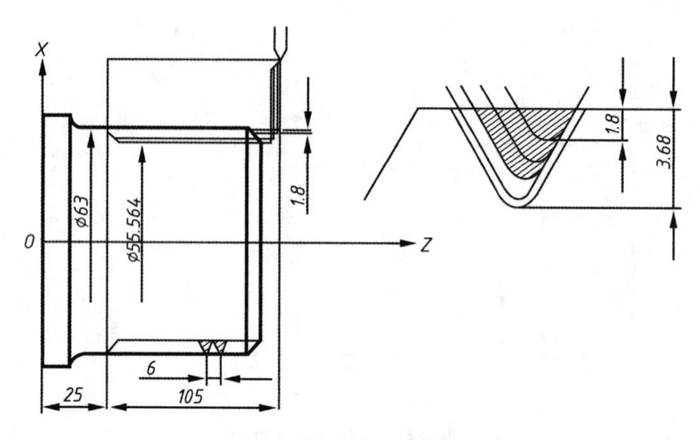

图 1-33 例 1-16 图

11. 孔加工的编程

对于孔加工，不同的数控机床有不同的指令。在这里我们介绍孔加工使用的插补指令 G01 的编程方法。

如图 1-34 所示，设一号刀为外圆刀，二号刀为 ϕ3 mm 的钻头，三号刀为切断刀，四号刀为 ϕ16 mm 的钻头，六号刀为镗刀。毛坯为 ϕ53 mm × 100 mm 的棒料。选取工件右端面与轴线的交点为坐标原点，其加工工艺路线为：车端面→车 ϕ50 外圆→车 ϕ40 外圆及 *R*5 弧面→倒 2 ×45°角→换二号刀钻中心孔→换四号刀钻孔→换六号刀镗孔（分两次）、倒 1 ×45°角→换三号刀切断。编写加工程序如下：

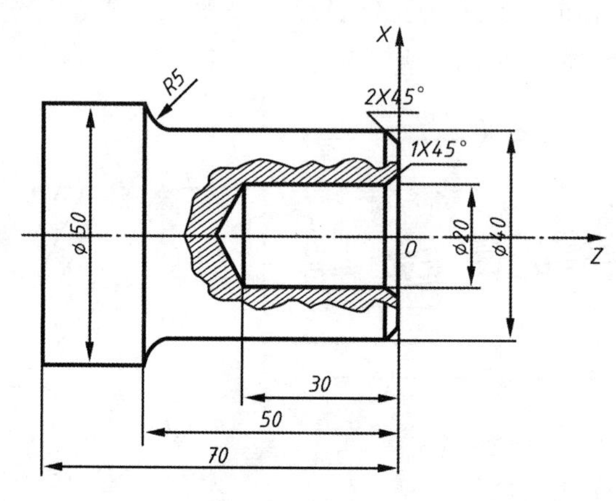

图 1-34 孔加工

```
N01  G50  X150.0  Z200.0;
N02  M03  S800.0  T0101;
N03  G00  X55.0  Z0.0;
N04  G01  X0.0  F0.4;
N05  G00  Z2.0;
N06  X50.0;
```

```
N07  G01  Z-73.0  F0.4;
N08  G00  X52.0  Z2.0;
N09  X40.0;
N10  G01  Z-45.0  F0.3;
N11  G02  X50.0  Z-50.0  R5.0;
N12  G00  X55.0  Z1.0;
N13  X34.0;
N14  G01  X40.0  Z-2.0  F0.3;
N15  G00  X150.0  Z200.0  T0100;
N16  M03  S1500.0  T0202;
N17  G00  X0.0  Z2.0;
N18  G01  Z-4.0  F0.1;
N19  G00  Z2.0;
N20  X150.0  Z200.0  T0200;
N21  M03  S500  T0404;
N22  M08;
N23  G00  X0  Z2.0;
N24  G01  W-15.0  F0.1;
N25  G00  W5.0;
N26  G01  W-15.0  F0.1;
N27  G00  W5.0;
N28  G01  W-15.0  F0.1;
N29  G00  W5.0;
N30  G01  W-10.0  F0.1;
N31  G00  W40.0;
N32  M09;
N33  G00  X150.0  Z200.0  T0400;
N34  X18.0  Z2.0  T0606  M08;
N35  G01  Z-30.0  S1000.0  F0.1;
N36  G00  X16.0;
N37  Z2.0;
N38  X20.0;
N39  G01  Z-30.0  F0.1;
N40  G00  X18.0;
N41  Z2.0;
N42  X22.0;
```

```
N43  G01  Z0.0  F0.3;
N44  X20.0  Z-1.0;
N45  G00  Z2.0;
N46  X150.0  Z200.0  T0600;
N47  G00  X52.0  Z-73.0  S500.0  T0303;
N48  G01  X0  F0.1;
N49  G00  X55.0;
N50  X150.0  Z200.0;
N51  M09;
N52  M30;
```

▶▶ 任务拓展

（1）如图 1-35 所示，编制轴类零件数控程序。（工艺分析—加工路线—程序设计）

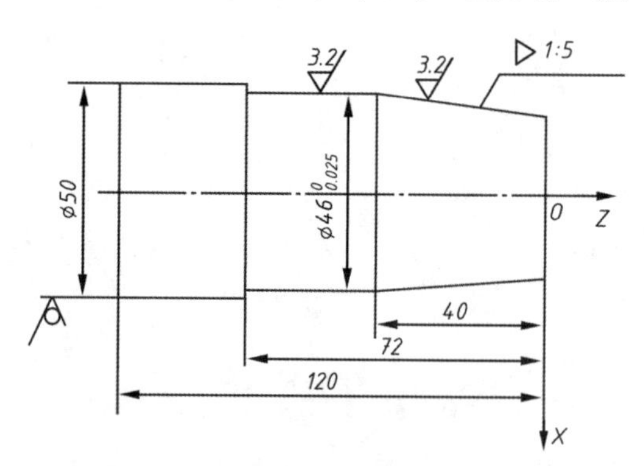

图 1-35　轴类零件

（2）如图 1-36 所示，编制套类零件数控程序。（工艺分析—加工路线—程序设计）

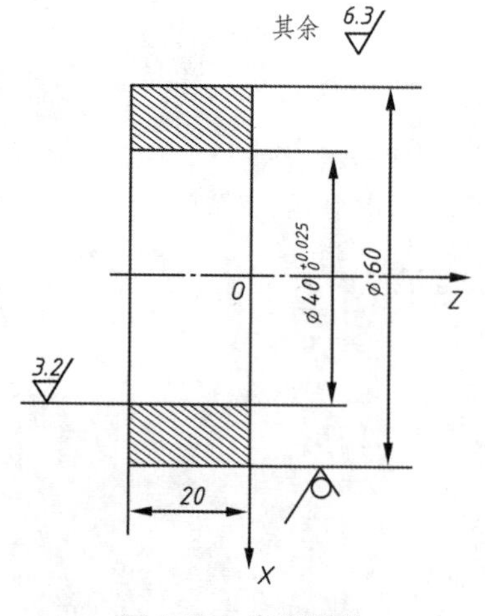

图 1-36　套类零件

（3）如图 1-37 所示，编制螺纹类零件数控程序。（工艺分析—加工路线—程序设计）

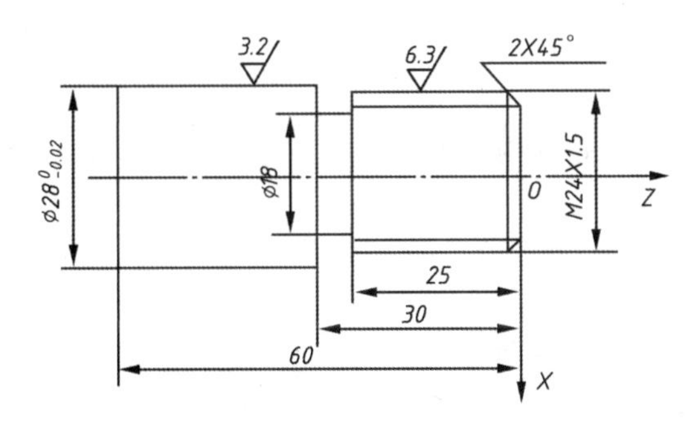

图 1-37　螺纹类零件

（4）如图 1-38 所示，编制综合型零件数控程序。（工艺分析—加工路线—程序设计）

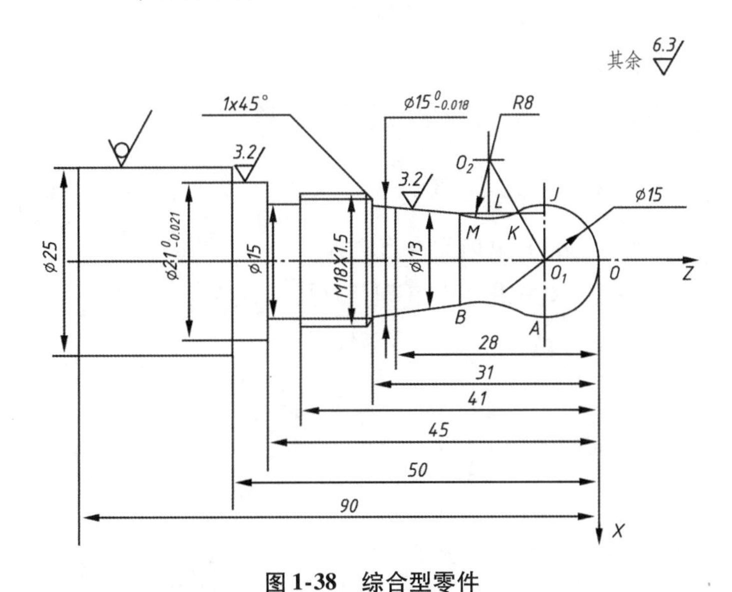

图 1-38　综合型零件

任务四　加工中心编程基础的了解

▶▶ 任务引入

加工中心可以实现零件的各类成型面轮廓和型腔铣削，并可以进行钻孔、镗孔、铰孔、攻丝等各类孔加工。现在，我们学习手工编制加工中心程序，以 FANUC 0M 系统为例。

任务目标

初步掌握零件加工中心程序编写方法。

必备知识

1. 快速进给指令(G00)

指令格式:

G00 X__ Y__ Z__;

执行该指令时,机床以最大进给量移向指定位置。

2. 直线进给指令(G01)

此时刀具以代码 F(mm/min)所给定的进给速度按直线进给。

指令格式:

G01 X__ Y__ Z__ F__;

其中,F 为模态代码,即在新的 F 出现前一直有效。

例 1-17 如图 1-39 所示,试用 G00、G01 编写加工程序。

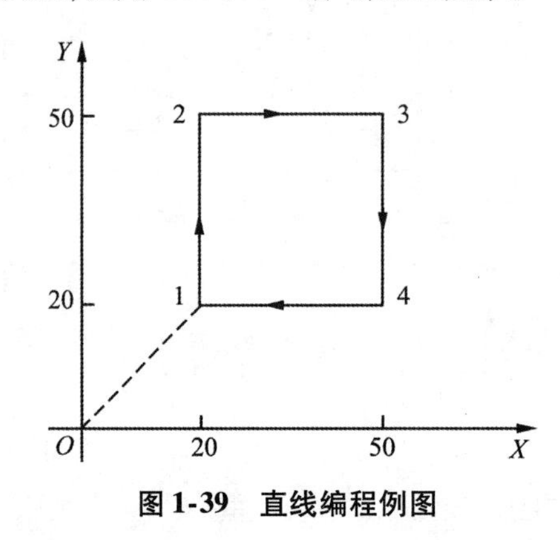

图 1-39 直线编程例图

① 采用增量值编程。

```
O0002;
N05 G54 G91 G00 X20.0 Y20.0 M03;
N10 G01 Y30.0 F100.0;
N15 X30.0;
N20 Y-30.0;
N25 X-30.0;
N30 G00 X-20.0 Y-20.0 M05;
N35 M30;
```

② 采用绝对值编程。

```
O0003;                                       程序名
N05  G54  G90  G00  X20.0  Y20.0  M03;       快速进给,主轴正转
N10  G01  Y50.0  F100.0;                     直线进给 1→2,切削速度
                                             为 100 mm/min
N15  X50.0;                                  2→3
N20  Y20.0;                                  3→4
N25  X20.0;                                  4→1
N30  G00  X0.0  Y0.0  M05;                   回程序原点
N35  M30;                                    程序结束
```

3. 圆弧进给指令(G02、G03)

指令格式：

```
G02  X__  Y__  R__  F__;
G02  X__  Y__  I__  J__  F__;
G03  X__  Y__  R__  F__;
G03  X__  Y__  I__  J__  F__;
```

其中,G02 表示顺时针方向,G03 表示逆时针方向。

如图 1-40 所示,X、Y 为圆弧的终点坐标值。执行 G90 代码指令时 X、Y 的值为工件坐标系的终点坐标值,执行 G91 时 X、Y 的值则为从始点到终点的距离。圆弧的圆心分别用与 X 相对应的 I、与 Y 相对应的 J 来表示,其值为从圆弧始点向圆弧圆心看时,带正、负号的距离,而且 I、J 的值不论是在 G90 中还是在 G91 中都是以增量方式指定的。或者也可以认为:I 表示圆心相对于始点 X 的坐标值,J 表示圆心相对于始点 Y 的坐标值。

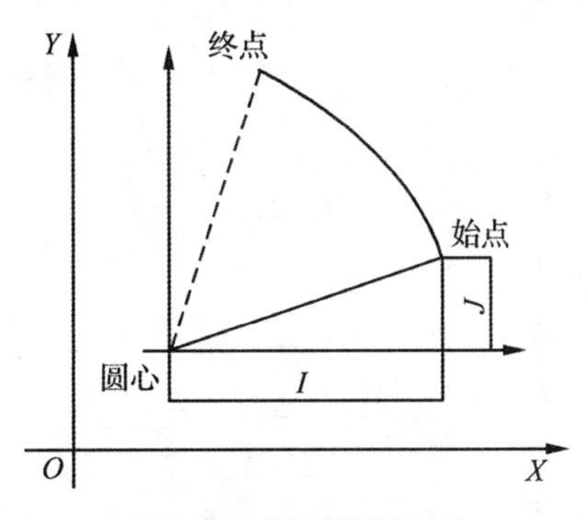

图 1-40　圆弧编程形式

在图 1-40 中,若圆心坐标为(10,10),始点坐标为(40,20),终点坐标为(20,40),则图 1-40 的圆弧就可以按下面两种方式编程。

① 执行 G91 时：

```
G91  G03  X-20.0  Y20.0  I-30.0  J-10.0  F100.0;
```

② 执行 G90 时:

```
G90  G03  X20.0  Y40.0  I-30.0  J-10.0  F100.0;
```

如果我们知道图 1-40 所示圆弧的半径 *R*,就可以用半径 *R* 来代替 *I*、*J* 的值。例如,根据图 1-40 所示圆弧,不难算出 *R* 近似等于 22.36 mm。所以上述程序段可以写成:

① 执行 G91 时:

```
G91  G03  X-20.0  Y20.0  R22.36  F100.0;
```

② 执行 G90 时:

```
G90  G03  X20.0  Y40.0  R22.36  F100.0;
```

需要说明的是,如果圆弧相对于圆心的夹角大于 180°,半径值 *R* 就要取负值,如图 1-41 所示。

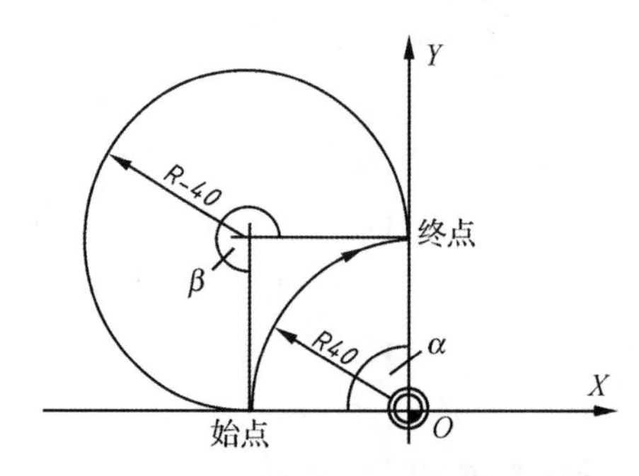

图 1-41 圆心角对 *R* 值影响的示意图

以上所述都是在 *XOY* 平面上的编程情况。应用 G17 代码来进行 *XOY* 平面的指定。平面指定代码省略就表示默认使用 G17。但当在 *ZOX* 和 *YOZ* 平面上编程时,平面指定代码不能省略,编程格式如下:

```
ZOX 平面的圆弧:
G18  G02  X__  Y__  R__  F__;
G18  G02  X__  Y__  I__  K__  F__;
G18  G03  X__  Y__  R__  F__;
G18  G03  X__  Y__  I__  K__  F__;
YOZ 平面的圆弧:
G19  G02  X__  Y__  R__  F__;
G19  G02  X__  Y__  J__  K__  F__;
G19  G03  X__  Y__  R__  F__;
G19  G03  X__  Y__  J__  K__  F__;
```

其中 G02 或 G03 的选择是以从程序中余下一轴的正方向看到的回转方向为依据的。*I*、*J*、*K* 的选择与 *XOY*(G17)平面的 *I*、*J* 的选择是一样的。

4. 刀具径向补偿

编制数控程序时,刀具的切削轨迹通常是按零件图纸上所示的几何尺寸来编写的。

由于实际切削时刀具存在着一个半径值，因此，如果不考虑这个因素，加工生成的零件轮廓与我们真正需要的零件轮廓比，在径向上就会有一个刀具的半径值误差，如图 1-42 所示。

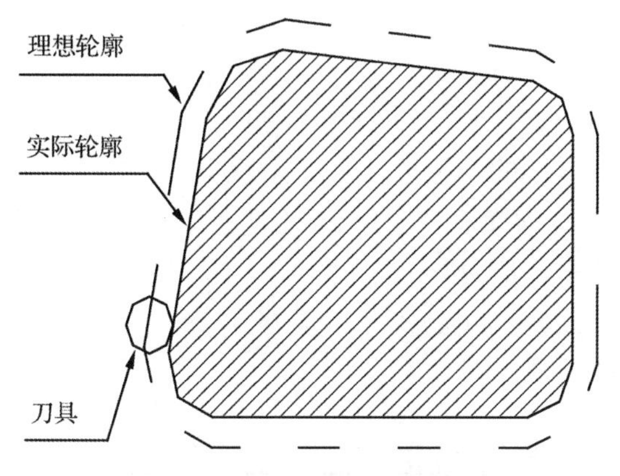

图 1-42　刀具半径影响的轮廓误差

基于这样的原因，为方便程序的制作，机床数控系统配置了刀具补偿功能。具体功能指令有 G40、G41 和 G42，都是模态代码。

使用刀具补偿功能的优越性在于：

① 在编程时可以不考虑刀具的半径，直接按图样所给尺寸编程，只需在实际加工时输入刀具的半径即可。

② 零件轮廓的粗、精加工可以用同一个程序，只需给予不同的刀具半径补偿量即可。

③ G40 可取消刀具半径补偿。

④ G41 是在相对于刀具前进方向左侧进行补偿，即左刀补，如图 1-43(a)所示，此时相当于顺铣。

⑤ G42 是在相对于刀具前进方向右侧进行补偿，即右刀补，如图 1-43(b)所示，此时相当于逆铣。

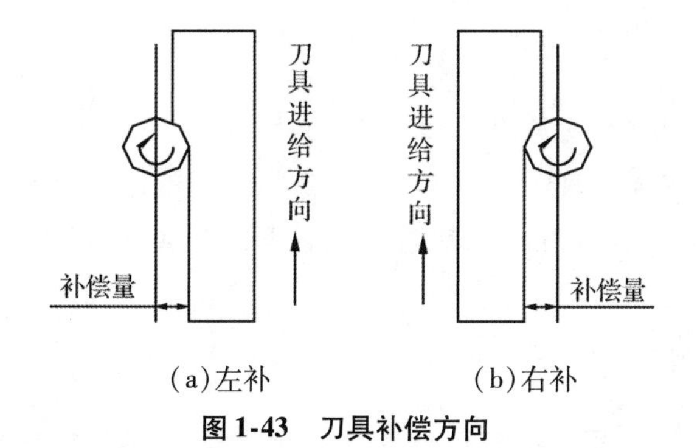

(a)左补　　(b)右补

图 1-43　刀具补偿方向

使用刀补时的程序格式如下：

左刀补：

```
G01  G41  X__  Y__  D__(刀具代号)  F__;
```

右刀补：

```
G01  G41  X__  Y__  D__(刀具代号)  F__;
```

取消刀补：

```
G00  G40  X0  Y0;
```

刀具代号是人为指定的，若使用的这把刀具代号为01，那么，在机床刀具偏置的数值输入页面中，我们就输入具体的偏置量。如果这把刀的半径为10 mm，那么我们可以把这个数值10输入01号刀的半径值内。这样，在上述程序语句中，当系统执行到D01程序代码时，就会自动偏移一个半径值10 mm。

下面就半径补偿功能指令的引用进行简单举例，如图1-44所示。

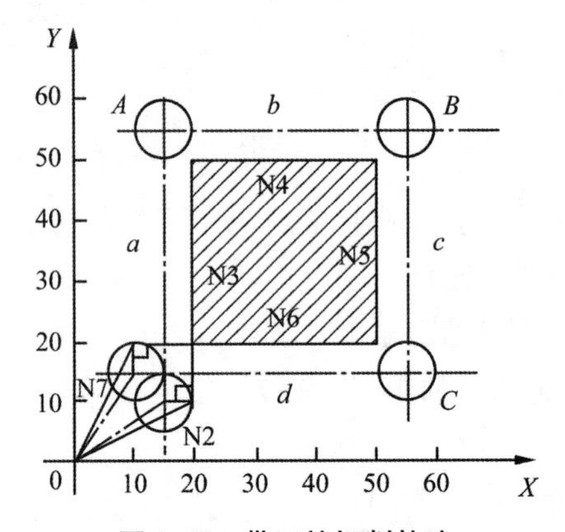

图1-44　带刀补切削轨迹

N2段：刀具从坐标原点向切削起始点快速移动，并完成刀具左刀补的指令。在执行这条指令前，实际上运算装置已读入了N3段程序。

N3段：直线切削进给。

N4段：直线切削进给。

N5段：直线切削进给。

N6段：直线切削进给。

N7段：刀具快速回到坐标原点，并取消左刀补。

值得注意的是：在执行N2和N7段时，动作指令只能用G00或G01，不能用G02或G03。从N3段开始程序进入刀补状态，在此状态下，G01、G00、G02、G03都可使用。

具体程序如下：

① 采用增量值编程。

```
O0001;
N1  M06  T0101;
N2  G54  G91  G00  G41  X20.0  Y10.0  D01  M03;
N3  G01  Y40.0  F100.0;
N4  X30.0;
```

```
N5  Y-30.0;
N6  X-40.0;
N7  G00  D40  X-10.0  Y-20.0;
N8  M30;
```

② 采用绝对值编程。

```
O0002;
N1  M06  T0101;
N2  G54  G90  G00  G41  X20.0  Y10.0  D01  M03;
N3  G01  Y50.0  F100;
N4  X50.0;
N5  Y20.0;
N6  X10.0;
N7  G00  D40  X0.0  Y0.0;
N8  M30;
```

5. 刀具长度补偿

每一台加工中心机床都带有自动换刀装置(ATC)。为了能在一次加工中使用多把长度不尽相同的刀具,使用同一个程序Z轴坐标原点,需要利用刀具长度补偿功能。刀具长度补偿的程序格式如下:

```
G43  Z__  H__;
G44  Z__  H__;
```

其中,G43是Z轴正方向补偿,G44是Z轴负方向补偿,H是控制装置内存中刀补表中的号码,代表补偿量的数值。

下面介绍在加工中心上应用最多的刀具长度补偿及工件坐标系Z轴的设定方法:

首先将刀具装入刀柄(图1-45),再在对刀仪上测出每个刀具前端到刀柄校准面(即刀柄锥部的基准面)的距离,然后将此值按刀具号码输入控制装置的刀补内存表中(图1-46中的L_1、L_2、L_3)。

图1-45　刀库示意图

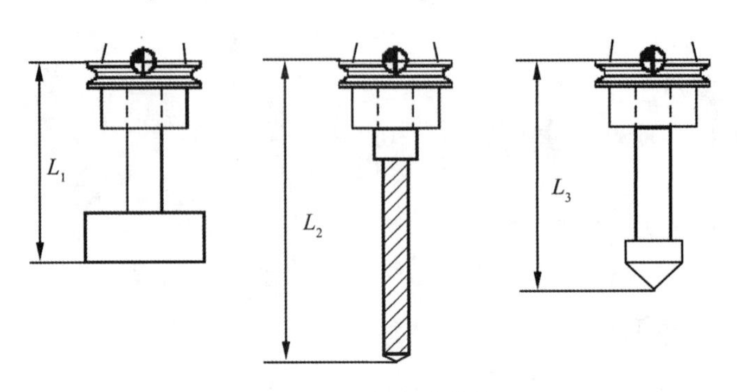

图 1-46 刀具长度补偿

采用绝对值编程必须建立工件坐标系。先测出 Z 轴在机械原点时,刀具端面距工件坐标系 Z 轴 0 点(G54 Z0)的距离。根据所测数值和 L,即可设定在 Z 轴机械原点处的校准面(这个面无论装何种刀具都是不变的)距工件坐标系 Z 轴 0 点(G54 Z0)距离的设定值。

由此,在编程时只需用 G43 和 H 指令就可完成不同刀具的长度补偿了。

6. 子程序

在数控机床上加工零件时,如果若干个待加工零件轮廓特征类似,并可以用相同的程序指令语句切削加工,那么我们不需要反复编写这些语句,可将其独立成一个数控加工程序,在需要的场合调用该程序即可。这种独立的程序就是子程序。

主程序调用子程序的格式如下:

```
M98 P__ L__;
```

其中,P 后边的数字为子程序号码。L 后边的数字为调用次数。当调用次数被省略时,默认为 1 次。子程序返回到主程序用 M99。

子程序应用举例(图 1-47):

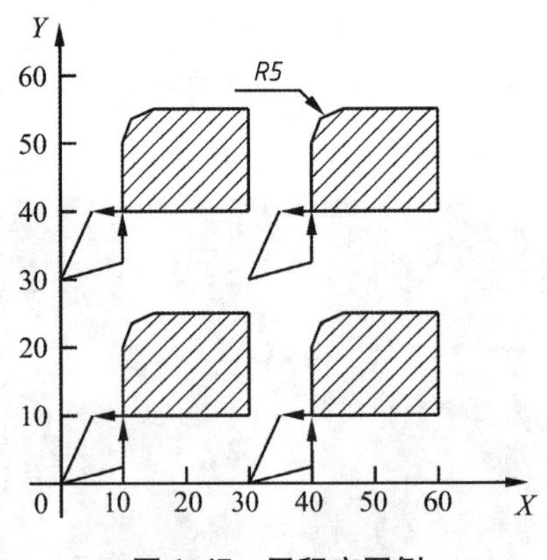

图 1-47 子程序图例

```
O0001;                        主程序
N1  G90  G00  X0.0  Y0.0  M03  S600.0;
N2  G98  P100;
N3  X30.0  Y0.0;
N4  G98  P100;
N5  X30.0  Y30.0;
N6  G98  P100;
N7  X0.0  Y30.0;
N8  G98  P100;
N9  X0.0  Y0.0;
N10  M30;
O100;                         子程序
N1  G91  G00  G41  X10.0  Y5.0  D01;
N2  Z-100.0;
N3  G01  Y15.0;
N4  G02  X5.0  Y5.0  R5.0;
N5  G01  X15.0;
N6  Y-15.0;
N7  X-25.0;
N8  G00  Z100.0;
N9  G40  X-5.0  Y-10.0;
N10  M99;
```

在上述程序中，如果我们在子程序结束前加一条水平位移增量指令，即“N10 X30.0;”，则主程序将更加简短，程序如下：

```
O0001;                        主程序
N1  G90  G00  X0.0  Y0.0  M03  S600.0;
N2  G98  P100  L2;
N3  X0.0  Y30.0;
N4  G98  P100  L2;
N5  X0  Y0;
N6  M30;
O100;                         子程序
N1  G91  G00  G41  X10.0  Y5.0  D01;
N2  Z-100.0;
N3  G01  Y15.0;
N4  G02  X5.0  Y5.0  R5.0;
```

```
N5  G01  X15.0;
N6  Y-15.0;
N7  X-25.0;
N8  G00  Z100.0;
N9  G40  X-5.0  Y-10.0;
N10  X30.0;
N11  M99;
```

子程序不仅可以反复调用,还可以逐级嵌套。

7. 镜像功能

当工件具有相对于某一轴对称的形状时,我们可以利用镜像功能,只对工件的一部分进行编程,就能加工出工件的整体。

镜像功能的代码如下:

M21:相对于 *X* 轴的镜像。

M22:相对于 *Y* 轴的镜像。

M23:取消镜像。

要加工如图 1-48 所示的工件,程序如下:

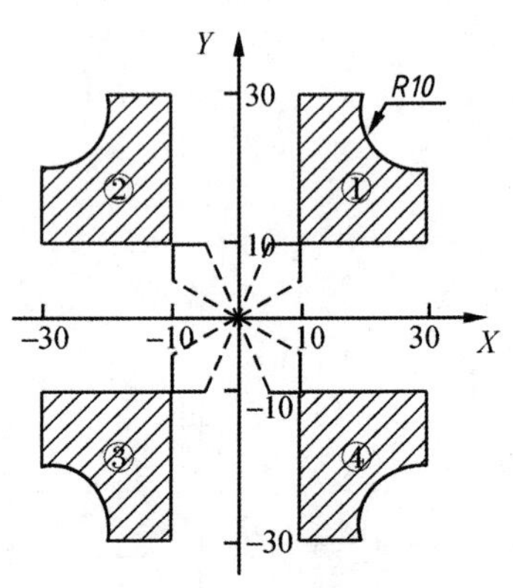

图 1-48 镜像功能

```
O0001;                        主程序
N1  G54  G91  G00  M03;
N2  M98  P100;
N3  M21;
N4  M98  P100;
N5  M22;
N6  M98  P100;
N7  M23;
N8  M22;
N9  M98  P100;
N10  M23;
N11  M05;
N12  M30;
```

① 的加工程序如下:

```
O100;                         子程序
N100  G41  X10.0  Y4.0  D01;
N110  Y1.0;
N120  Z-10.0;
N130  G01  Z-5.0;
```

```
N140  Y25.0;
N150  X10.0;
N160  G03  X10.0  Y-10.0  R10.0;
N170  G01  Y-10.0;
N180  X-25.0;
N190  G40  X-5.0  Y-10.0;
N200  Z15.0;
N210  M99;
```

8. 孔加工固定循环

孔加工固定循环功能是指用一个 G 代码程序段代替通常需要很多段加工程序才能完成的动作，使加工程序简化、方便。

孔加工固定循环代码有如下格式：

```
G91  G98  G__  X__  Y__  Z__  R__  P__  Q__  F__  L__;
G90  G98  G__  X__  Y__  Z__  R__  P__  Q__  F__  L__;
G91  G99  G__  X__  Y__  Z__  R__  P__  Q__  F__  L__;
G90  G99  G__  X__  Y__  Z__  R__  P__  Q__  F__  L__;
```

其中，使用 G98 时，加工完毕后刀具返回初始点；使用 G99 时，加工完毕后刀具返回 *R* 点，如图 1-49 所示。多孔加工时一般加工最初的孔用 G99，加工最后的孔用 G98。

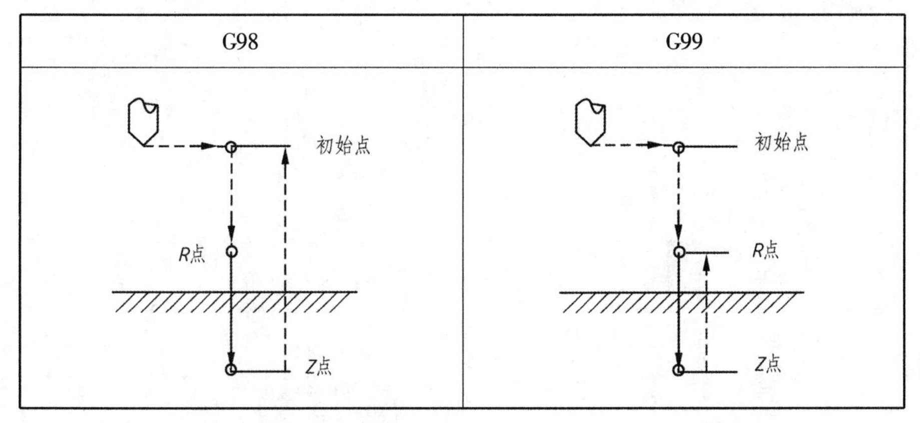

图 1-49　G98 和 G99 的用法(----→ 快速进给，—→ 切削进给)

孔加工固定循环中的多个字母含义分别是：G 为固定循环代码，主要有 G73、G74、G76、G81、G89 等；X、Y 为孔加工坐标位置；Z 为孔底深度；R 为加工时快速进给到工件表面上的参考点；P 为孔底延时，在执行 G76、G82、G89 时有效，P1000 为 1 s；Q 为每次切削深度；F 为切削进给速度；L 为循环次数；

G80：固定循环取消代码。

下面简要介绍主要的固定循环代码的形式及动作。

① G73 用于高速钻孔：

```
G98  G73  X__  Y__  Z__  R__  Q__  F__;
G99  G73  X__  Y__  Z__  R__  Q__  F__;
```

动作循环如图 1-50 所示。

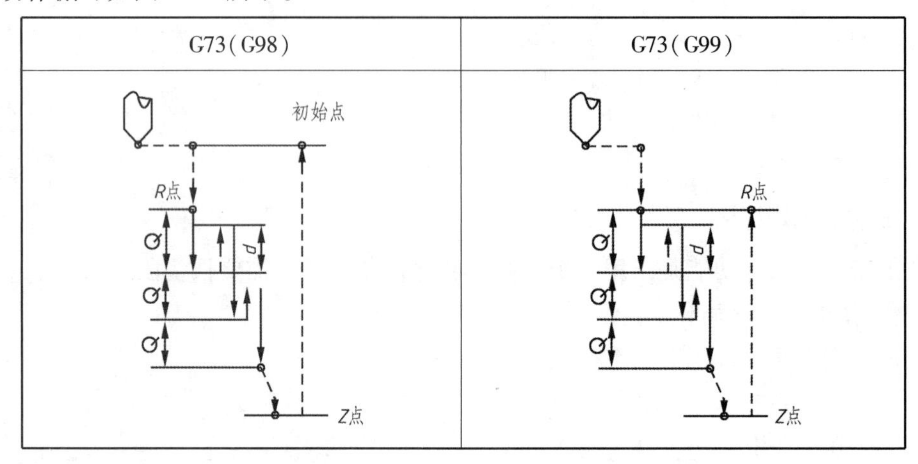

图 1-50 G98 和 G73 的用法(----➤ 快速进给，—➤ 切削进给)

② G83 用于深孔加工：

```
G98  G83  X__  Y__  Z__  R__  Q__  F__;
G99  G83  X__  Y__  Z__  R__  Q__  F__;
```

动作循环如图 1-51 所示。

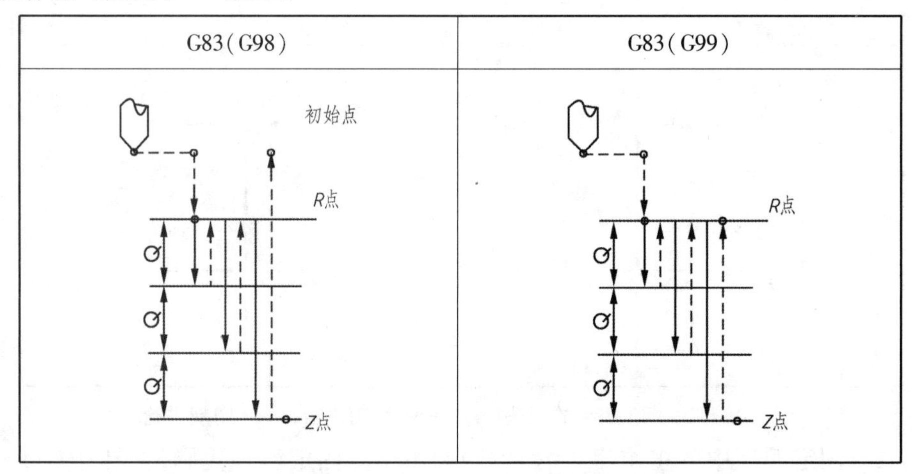

图 1-51 G83 的用法(----➤ 快速进给，—➤ 切削进给)

③ G81 主要用于中心孔加工和一般孔加工：

```
G98  G81  X__  Y__  Z__  R__  Q__  F__;
G99  G81  X__  Y__  Z__  R__  Q__  F__;
```

动作循环如图 1-52 所示。

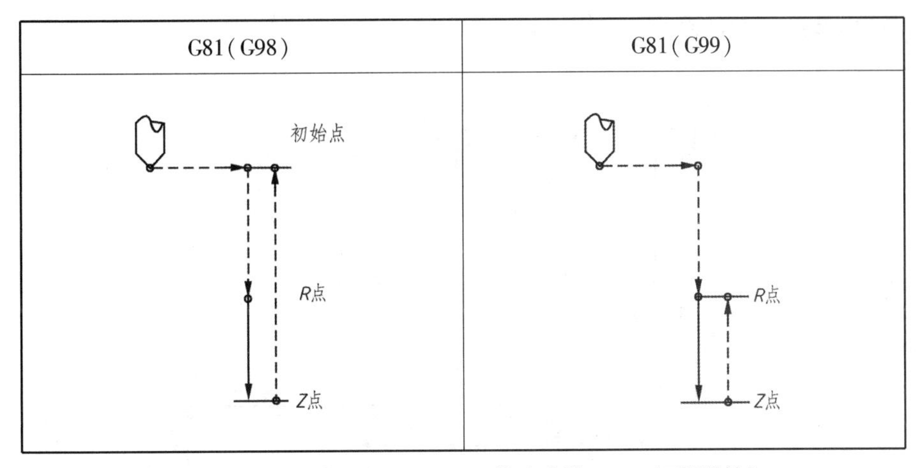

图 1-52 G81 的用法(---→ 快速进给,—→ 切削进给)

④ G84 螺纹加工:

```
G98  G84  X__  Y__  Z__  R__  Q__  F__;
G99  G84  X__  Y__  Z__  R__  Q__  F__;
```

其中,F = 转速(r/min)×螺距。R 点的选择要考虑螺距,不可离螺孔端面太近,一般可以取 5 倍螺距以上。

动作循环如图 1-53 所示。

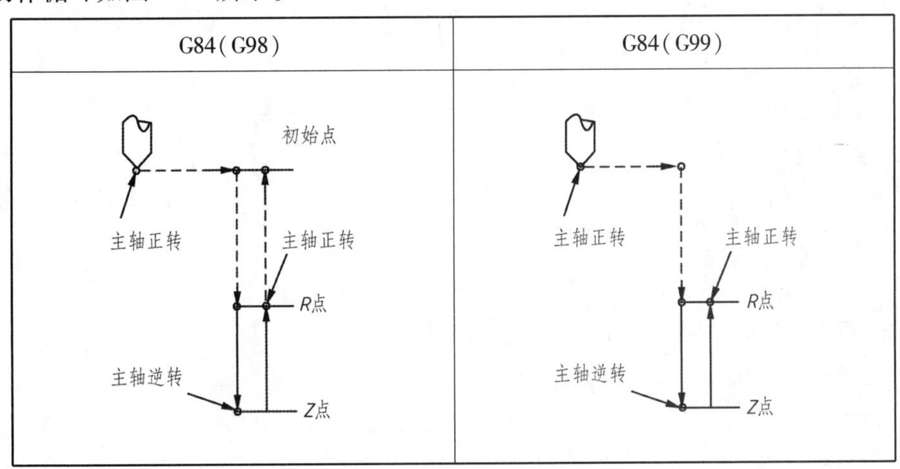

图 1-53 G84 的用法(---→ 快速进给,—→ 切削进给)

⑤ 孔加工循环程序举例(图 1-54)。

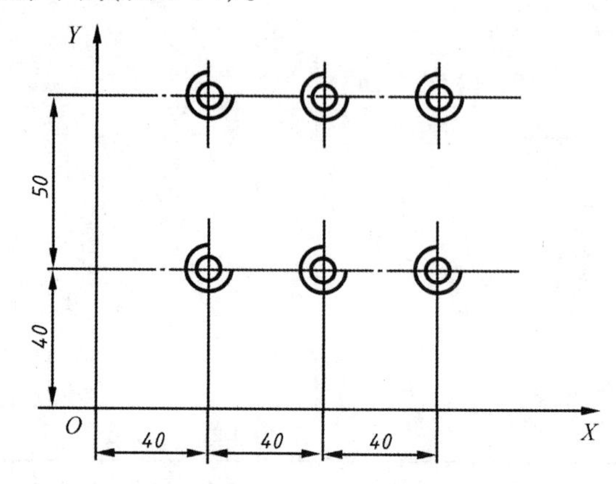

Z 轴初始点距工件表面 100 mm,切削深度为 20 mm

图 1-54 孔加工示意图

```
(采用绝对值编程)
O0001;
T0101;                          中心钻
M06;
G54  G90  G00  X0.0  Y0.0  M03  S1000.0;
Z100.0;
G99  G81  X40.0  Y40.0  Z-2.0  R5.0  F50.0;
X80.0;
X120.0;
Y90.0;
X80.0;
G98  X40.0;
G80  X0.0  Y0.0  M05;
T0202;                          设直径为 8.5 mm 的麻花钻
M06;
G54  G90  G00  X0.0  Y0.0  M03  S800.0;
Z100.0;
G99  G73  X40.0  Y40.0  Z-25.0  Q5.0  F50.0;
X80.0;
X120.0;
Y90.0;
X80.0;
G98  X40.0;
```

```
G80  X0.0  Y0.0  M05;
T0303;                    设 M10 丝锥
M06;
G54  G90  G00  X0.0  Y0.0  M03  S200.0;
Z100.0;
G99  G84  X40.0  Y40.0  Z-25.0  R10.0  F300.0;
X80.0;
X120.0;
Y90.0;
X80.0;
G98  X40.0;
G80  X0.0  Y0.0  M05;
M30;
```

▶▶ 任务拓展

（1）试编制如图 1-55 所示的零件数控加工程序，材料为硬铝。（工艺分析—加工路线—程序设计）

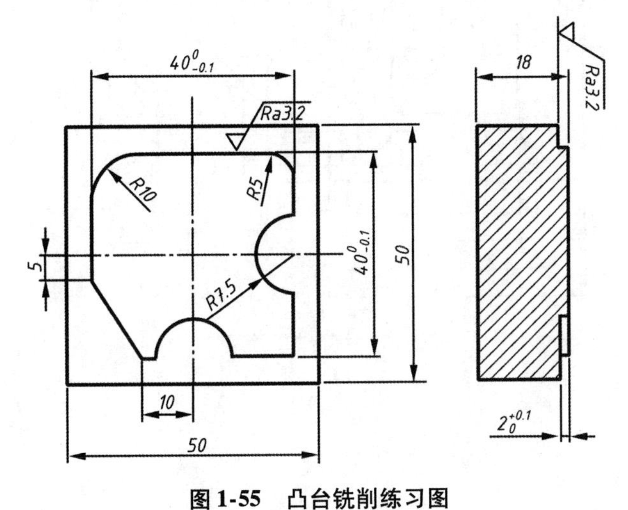

图 1-55　凸台铣削练习图

（2）试编制如图 1-56 所示的零件数控加工程序，材料为 45 号钢。（工艺分析—加工路线—程序设计）

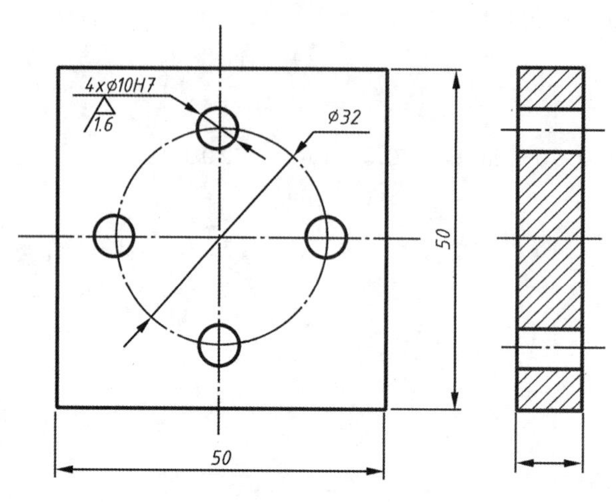

图 1-56 孔加工练习图

（3）试编制如图 1-57 所示的零件数控加工程序，材料为 45 号钢。（工艺分析—加工路线—程序设计）

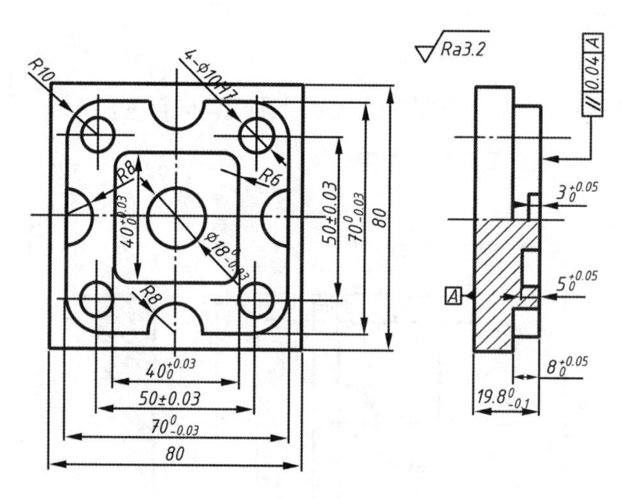

图 1-57 综合加工练习图

项目二 数控车削工艺

数控加工离不开数控编程,而编写实际加工程序必须选择合理的工艺,因此,掌握车削工艺是实施数控车削的基本条件。

任务一 加工顺序的安排

任务引入

学习数控车削加工顺序的制定方法及原则。

任务目标

能熟练安排零件的加工顺序。

必备知识

粗、精加工区示意图如图 2-1 所示。在数控车削加工中,加工顺序的安排应遵循以下原则。

1. 先粗后精

数控车削加工应按照粗车→半精车→精车的顺序进行。

① 粗车切余量:在较短的时间内将工件表面上大部分余量去掉。

② 半精车做准备:当粗车后所余余量的均匀性满足不了精加工要求时,要安排半精车,以为精车做准备。

③ 精车保证精度:在粗车、半精车的基础上,精车可一刀切出零件轮廓,保证加工精度。

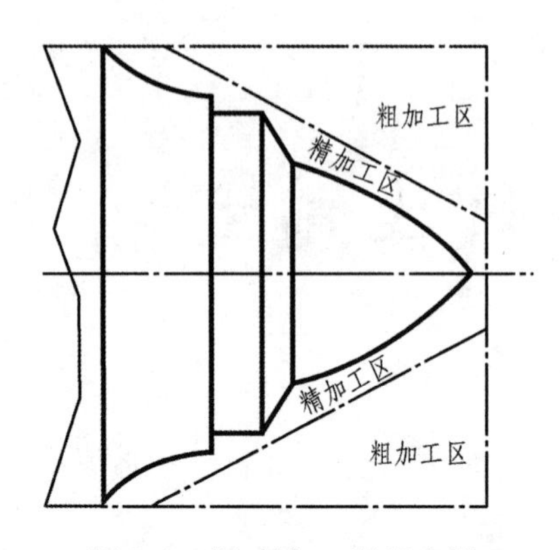

图 2-1　粗、精加工区示意图

2. 先近后远

加工原则为:先加工离对刀点的距离近的部位,后加工离对刀点的距离远的部位,如图 2-2 所示。如此考虑问题的原因有两个:①缩短刀具移动距离,减少空行程;②有利于保持坯件或半成品的刚性,改善切削条件。

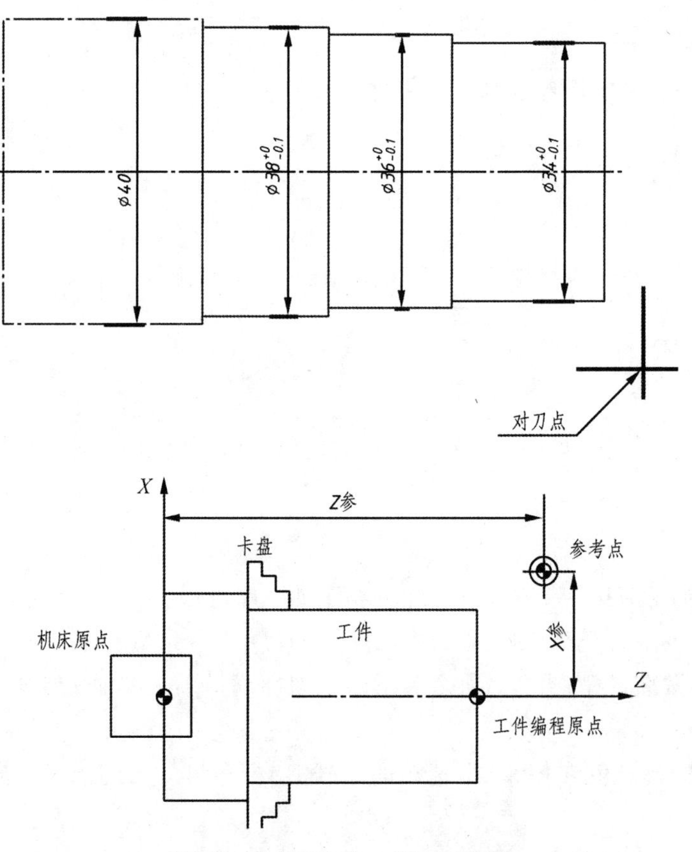

图 2-2　先近后远加工原则示意图

3. 内外交叉

内外交叉是相对于既有内表面(内型、腔)又有外表面需要加工的零件而言的。加工这类零件时,不可先将内表面加工完毕再加工外表面,也不可先将外表面加工完毕再加工内表面,要对内表面和外表面交叉加工。安排加工时要先进行内、外表面粗加工,后进行内、外表面精加工。

任务二　加工路线的确定

▶▶ 任务引入

学习数控车削加工路线的制定方法及原则。

▶▶ 任务目标

能熟练制定零件的加工路线。

▶▶ 必备知识

数控车削加工路线指车刀从起刀点(或机床固定原点)开始运动,直至返回该点并结束加工程序所经过的路径,包括切削加工的路径及刀具切入、切出等非切削空行程路径。

由于精加工切削过程的进给路线基本上都是沿零件轮廓顺序进行的,所以确定进给路线的重点在于确定粗加工及空行程的进给路径。

在数控车削加工中,加工路线的确定一般要遵循以下几个原则:

① 能保证被加工工件的精度和表面粗糙度。

② 使加工路线最短,减少空行程时间,提高加工效率。

③ 尽量简化数值计算的工作量,简化加工程序。

④ 对某些重复使用的程序,应使用子程序。

其中,使加工路线最短不仅可以节省整个加工过程的执行时间,还能减少一些不必要的刀具消耗及机床进给机构滑动部件的磨损等。最短进给路线的类型及实现方法如下。

1. 最短的切削进给路线

使切削进给路线最短可有效提高生产效率,降低刀具损耗。安排最短切削进给路线时,还要保证工件的刚性和加工工艺性等符合要求。图 2-3 给出了三种不同的粗车切削进给路线,其中图 2-3(c)所示矩形路线最短,因此在同等切削条件下其切削时间最短,刀具损耗最少。

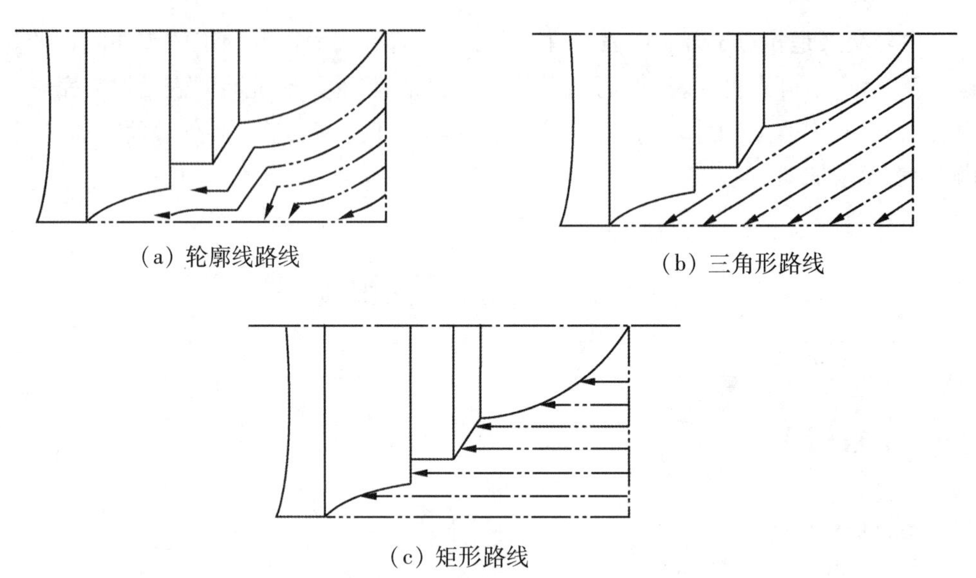

（a）轮廓线路线

（b）三角形路线

（c）矩形路线

图 2-3 粗车切削进给路线

2. 最短的空行程路线

（1）巧用起刀点

图 2-4(a)为采用矩形循环方式进行粗车的一般情况示例。考虑到在精车等加工过程中需要换刀方便，故将对刀点 A 设置在离毛坯件较远的位置，同时将起刀点与对刀点重合在一起。图 2-4(b)为另设起刀点的示例。

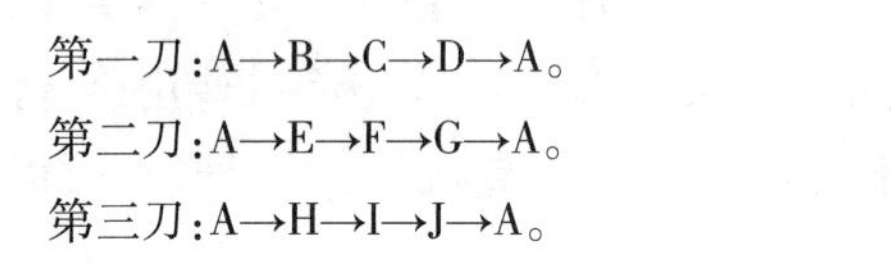

第一刀：A→B→C→D→A。

第二刀：A→E→F→G→A。

第三刀：A→H→I→J→A。

第一刀：B→C→D→E→B。

第二刀：B→F→G→H→B。

第三刀：B→I→J→K→B。

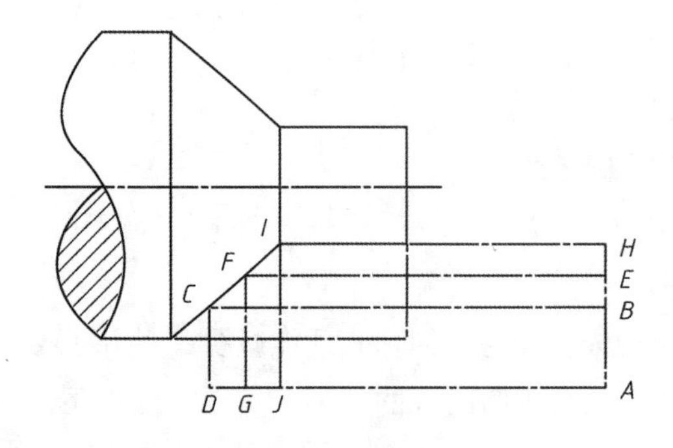

（a）起刀点与对刀点重合进给路线

（b）起刀点与对刀点不重合进给路线

图 2-4 采用矩形循环方式进行粗车

显然，图 2-4(b)所示的进给路线较短。该路线也可以在其他循环切削加工（如螺纹车削）中使用。

(2) 合理安排"回零"路线

在手工编制复杂轮廓的加工程序时,为简化计算过程、便于校核,程序编制者有时通过执行"回零"操作指令,使每一刀加工完成后的刀具终点全部返回对刀点位置,然后再执行后续程序。这样会增加进给路线的距离,降低生产效率。因此,合理安排"回零"路线时,应使前一刀的终点与后一刀的起点间的距离尽量短,或者为零,以满足进给路线最短的要求。另外,选择返回对刀点指令时,在不发生干涉的前提下,宜尽可能采用 X、Z 轴双向同时"回零"指令。

3. 大余量毛坯的阶梯切削进给路线

图 2-5 列出了两种大余量毛坯的粗加工切削进给路线。在同样的背吃刀量下,图 2-5(a)所示的加工所剩余量过多,进给路线不合理;图 2-5(b)所示的加工按 1 至 5 的顺序切削,每次切削所留余量相等,进给路线属合理的阶梯切削进给路线。

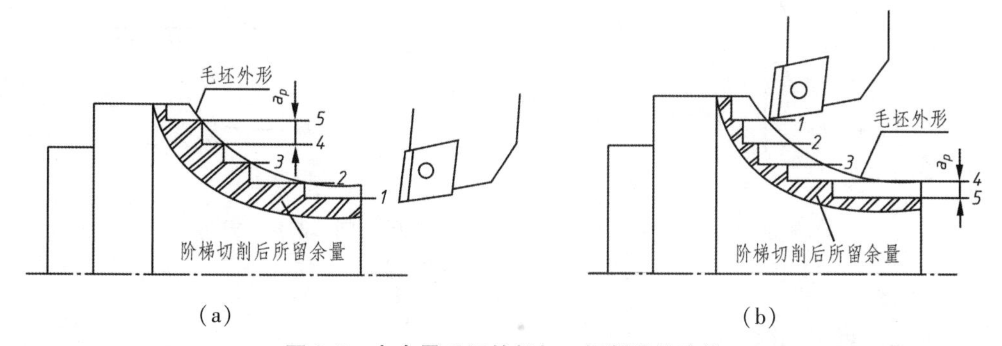

图 2-5　大余量毛坯的粗加工切削进给路线

根据数控机床的加工特点,加工大余量毛坯时也可不用阶梯切削法,可选择顺着工件毛坯轮廓进给,依次从轴向和径向进刀,如图 2-6 所示。

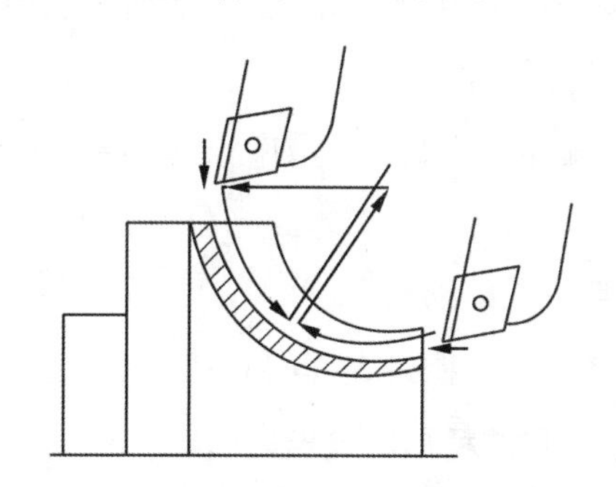

图 2-6　顺着工件毛坯轮廓进给的路线

4. 圆弧粗加工进给路线

车外凸圆弧时可采用三角形走刀路线和同心圆走刀路线,如图 2-7 所示。

(1) 车锥法(斜线法)

车锥法采用三角形走刀路线。采用三角形走刀路线车外凸圆时,要合理确定起点和终点坐标，否则可能损伤圆弧表面，或者使余量太大。在实际加工时，粗车走刀路线不能超过图2-7(a)所示的AB线，否则就会导致圆弧表面受损。由于$AC=BC=0.586R$，因此当R太大时，我们可取$AC=BC=0.5R$。采用三角形走刀路线车外凸圆弧面时，需要计算每次进刀起点、终点坐标，且精加工余量不均匀。车锥法一般适用于圆心角小于90°的圆弧车削。

(2) 车圆法(同心圆法)

车圆法采用同心圆走刀路线，用不同的半径切除毛坯余量。此方法车削空行程时间较长。车圆法适用于圆心角大于90°的圆弧粗车。

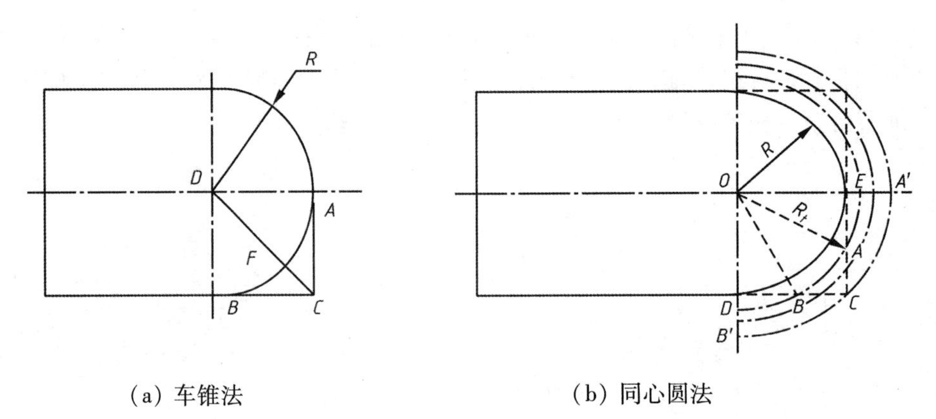

(a) 车锥法　　(b) 同心圆法

图2-7　圆弧表面粗车方法

5. 精加工进给路线

精加工进给路线是指完工轮廓的进给路线。零件的完工轮廓应由最后一刀连续加工而成。尽量不要在连续的轮廓中安排切入、切出、换刀及停顿，以免切削力突然变化造成弹性形变，致使光滑连接的轮廓上产生表面划伤、形状突变或滞留刀痕等缺陷。

(1) 换刀加工时进给路线的安排

换刀加工主要根据工步顺序要求确定各刀加工的先后顺序及各刀进给路线的衔接方式。

(2) 切入、切出及接刀点位置的选择

切入、切出及接刀点应选有空刀槽或表面间有拐点、转角的位置。

(3) 各部位精度要求不一致的精加工进给路线

若各部位精度相差不是很大，则我们应以最严的精度为准，安排连续走刀加工所有部位。若精度相差很大，则应将精度接近的表面安排在同一刀具走刀路线内加工，并先加工精度较低的部位，再单独安排精度高的部位的走刀路线。

任务三　对刀点与换刀点的确定

▶▶ 任务引入

学习对刀点、换刀点的确定方法。

▶▶ 任务目标

能熟练选取合适的对刀点及换刀点。

▶▶ 必备知识

1. 对刀点

所谓对刀，是指加工开始前，将刀具移动到指定的对刀点上，使刀具的刀位点与对刀点重合。对刀点的选定原则：

① 便于数学处理和程序编制。

② 在机床上容易找正。

③ 在加工过程中检查方便、可靠。

④ 引起的加工误差小。

我们可以将对刀点设置在被加工工件上，也可以将对刀点设置在夹具上，但必须使对刀点与工件的定位基准有一定的坐标尺寸联系，这样才能确定机床坐标系与工件坐标系的相互关系。为了提高工件的加工精度，应尽量将对刀点设置在工件的设计基准或工艺基准上。对于车削加工，通常将对刀点设在工件外端面的中心上，如图 2-8 所示。成批生产时，为减少多次对刀带来的误差，常将对刀点作为程序的起点，同时也作为程序的终点。

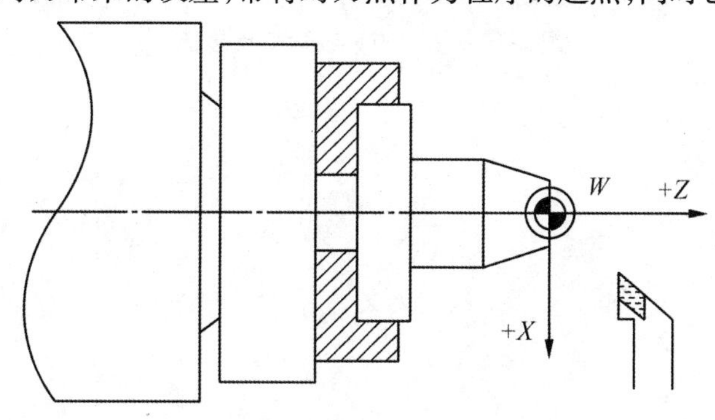

图 2-8　对刀点设在工件外端面中心 W 上

2. 换刀点

在加工过程中需要换刀时,我们应规定换刀点。在车床上,以刀架远离工件的行程极限点(刀架转位换刀时的位置)为换刀点,如图 2-9 所示。应将换刀点设在工件或夹具的外部,以换刀时不碰工件及其他部件为准,并尽量减少空行程。换刀点的设定值可用实际测量方法或计算确定。

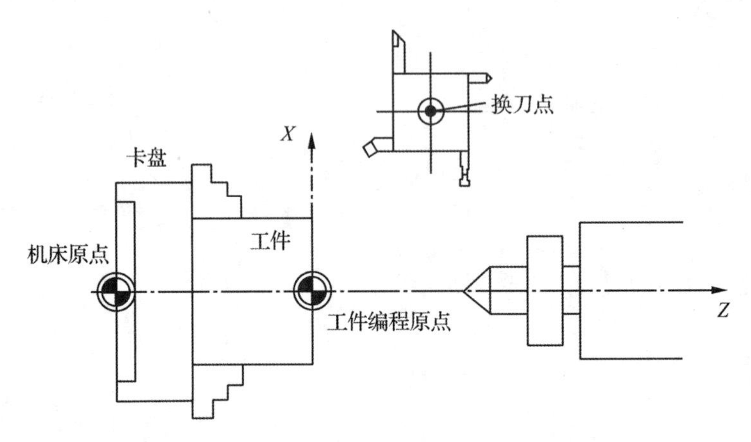

图 2-9 换刀点设在工件外部刀架中心

为了换刀方便和安全,我们有时也将换刀点设置在离毛坯较远的位置处,如图 2-10(a)中的 A 点,那么在换第二把刀后,进行精车时的空行程路线必然也较长;如果把第二把刀的换刀点设置在图 2-10(b)中的 B 点,则可缩短空行程距离。

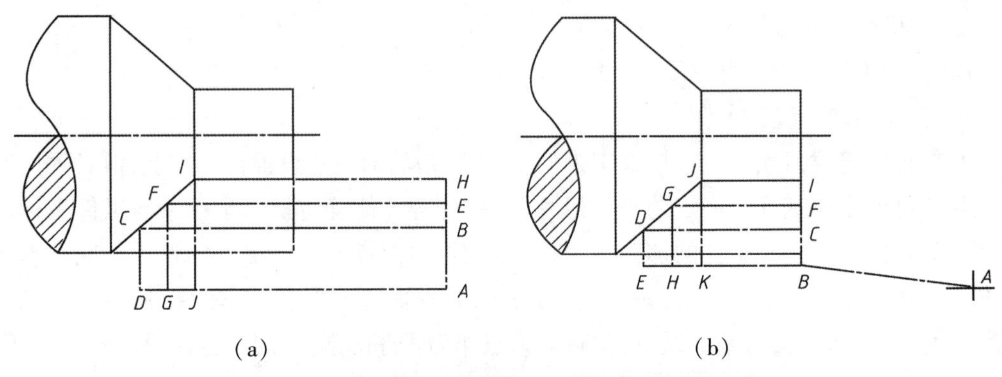

图 2-10 换刀点设在远离毛坯点

任务四 车削刀具的选择

任务引入

本任务主要介绍数控车削刀具的合理选择。

任务目标

能在数控车削工艺制定中合理选择刀具。

必备知识

1. 刀具的选择

刀具材料的改良和发展是现今金属加工发展的重要课题之一,因为良好的刀具材料能有效、迅速地完成切削工作,且能确保刀具的有效使用寿命。一般常用车刀有下列几种:

(1) 高碳钢车刀

高碳钢车刀是由含碳量在0.8% ~1.5%之间的一种碳钢,经过淬火硬化制成的,因切削中的摩擦很容易回火软化,已被用高速钢等制成的其他刀具取代,一般仅适合于软金属材料的切削。常用的高碳钢车刀有 SK1、SK2、SK7 等车刀。

(2) 高速钢车刀

高速钢为一种钢基合金。高速钢车刀俗名白车刀,是用含碳量为0.7% ~0.85%的碳钢并加入钨、铬、钒、钴等合金元素制成的。例如,18 -4 -4 高速钢为材料中含有18%钨、4%铬以及4%钒的高速钢。高速钢车刀切削中产生的摩擦热可使温度高达6000 ℃。高速钢车刀适合转速在1000 rpm 以下及螺纹的车削。一般常用高速钢车刀有 SKH2、SKH4A、SKH5、SKH6、SKH9 等车刀。

(3) 非铸铁合金刀具

非铸铁合金为钴、铬及钨的合金,又叫超硬铸合金。其韧性及耐磨性极佳;在8200 ℃温度下其硬度仍不受影响;其抗热程度远超出高速钢。用非铸铁合金制成的刀具适合高速及较大背吃刀量的切削工作。

(4) 烧结碳化刀具(硬质合金刀具)

碳化刀具为粉末冶金产品。碳化钨刀具的主要成分为50% ~90%钨,是在钨中加入钛、钼、钽等，以钴粉作为结合剂，经加热烧结制成的。碳化刀具的硬度较任何其他材料刀具的硬度均高。碳化刀具适用于切削较硬金属或石材。碳化刀具依其切削性质的不同，可分成P、M、K三类，并分别以蓝、黄、红三种颜色来标识。P类适于切削钢材刀具，有P01、P10、P20、P30、P40、P50六类。P01类为高速精车刀，号码小，耐磨性较高。P50类为低速粗车刀，号码大，韧性高。K类适于切削石材、铸铁等脆硬材料，有K01、K10、K20、K30、K40五类。K01类为高速精车刀，K40类为低速粗车刀。M类介于P类与K类之间，适于切削韧性较大的材料。

(5) 陶瓷车刀

陶瓷车刀是由氧化铝粉末，添加少量元素，经高温烧结而成的。其硬度比碳化钨刀具高，但是因为质脆，故不适用于非连续或重车削，只适合高速精削。

(6) 钻石刀具

做高级表面加工时，可使用圆形或表面有刃缘的工业用钻石来进行光整加工，以得到更为光滑的表面。钻石刀具主要用来做铜合金或轻合金的精密车削。用钻石刀具车削时必须使用高速度。最慢速度为60～100 m/min。通常车削速度为200～300 m/min。

(7) 立方氮化硼刀具

立方氮化硼(CBN)是近年来被推广的材料。其硬度与耐磨性仅次于钻石。用这种材料制成的刀具适用于加工坚硬、耐磨的铁族合金和镍基合金、钴基合金。

2. 刀片的选择

可转位车刀刀片种类繁多。使用得最广的是菱形刀片，其次是三角形刀片、圆形刀片及切槽刀片。菱形刀片按其菱形锐角不同有80°、55°和35°三类。80°菱形刀片的刀尖角大小适中。这种刀片既有较好的强度、散热性和耐用度，又能装配成主偏角略大于90°的刀具，用于端面、外圆、内孔、台阶的加工。同时，这种刀片的可夹固性好。刀片底面及非切削位置上的80°刀尖角的相邻两侧面可用于定位，且刀尖位置精度仅与刀片本身的外形尺寸精度相关，转位精度较高。因此，这种刀具适合数控车削。35°菱形刀片因其刀尖小、干涉现象少，多用于车削工件的复杂型面或开挖沟槽。常用的刀片后角有N(0°)、C(7°)、P(11°)、E(20°)等。一般粗加工、半精加工可用N型刀片；半精加工、精加工可以用C、P型刀片。

3. 刀杆的选择

刀杆头部形式按主偏角和直头、弯头分为15～18种。在国家相关标准中各种形式都有相应的代码。我们可以根据实际情况进行选择。左右手刀柄有三种选择：R(右手)、L(左手)和N(左右手)。我们在选择的时候要注意机床刀架是前置式还是后置式，刀具的前刀面是向上还是向下，以及主轴的旋转方向和需要的进给方向等。

任务五　车削参数的选择

任务引入

本任务主要介绍数控车削参数的合理选择。

任务目标

能在数控车削工艺制定中合理选择车削参数。

必备知识

当编制数控加工程序时,编程人员必须确定每道工序的切削用量,并填入程序单中。数控车削加工的切削用量包括背吃刀量、主轴转速或切削速度(用于恒线速切削)、进给速度或进给量。

合理选择切削用量的原则:粗加工时,一般以充分发挥机床潜力和刀具的切削性能为主;半精加工时,应着重考虑如何保证加工质量,并在此基础上尽量提高生产效率。在选择切削用量时应保证刀具能加工完一个零件或保证刀具的耐用度不少于一个工作班的工作时间,最少也不少于半个工作班的工作时间。具体数值应根据机床说明书中的规定、刀具耐用度及实践经验选取。

1. 背吃刀量的确定

我们应根据机床、夹具、刀具和零件的刚度以及机床功率来确定背吃刀量。在工艺系统刚性允许的条件下,要尽可能选取较大的切削用量,以减少走刀次数,提高生产效率;最好能一次切净余量。当零件精度要求较高时,应根据要求选取最后一道工序的加工余量。数控车削的精加工余量小于普通车削的精加工余量,一般取 0.1 ~0.5 mm。

2. 主轴转速的确定

(1) 轮廓车削时的主轴转速

我们应根据被加工部位的直径,并按零件和刀具的材料及加工性质等条件所允许的切削速度来确定主轴转速。切削速度可通过计算、查表和实践经验获取。对于使用交流变频调速的数控机床,由于其低速输出力矩小,因此切削速度不能太低。表 2-1 为硬质合金外圆车刀切削速度的参考值。在实际操作中我们可结合实践经验参考选用相应的切削速度。

表 2-1 硬质合金外圆车刀切削速度参考值

工件材料	热处理状态	$a_p=0.3\sim2$ mm	$a_p=2\sim6$ mm	$a_p=6\sim10$ mm
		$f=0.08\sim0.3$ mm/r	$f=0.3\sim0.6$ mm/r	$f=0.6\sim1$ mm/r
		v_c/(m/min)	v_c/(m/min)	v_c/(m/min)
低碳钢 易切钢	热轧	140 ~ 180	100 ~ 120	70 ~ 90
中碳钢	热轧	130 ~ 160	90 ~ 110	60 ~ 80
	调质	100 ~ 130	70 ~ 90	50 ~ 70
合金结构钢	热轧	100 ~ 130	70 ~ 90	50 ~ 70
	调质	80 ~ 110	50 ~ 70	40 ~ 60
工具钢	退火	90 ~ 120	60 ~ 80	50 ~ 70
灰铸铁	HBS < 190	90 ~ 120	60 ~ 80	50 ~ 70
	190 < HBS < 225	80 ~ 110	50 ~ 70	40 ~ 60
高锰			10 ~ 20	
铜及铜合金		200 ~ 250	120 ~ 180	90 ~ 120
铝及铝合金		300 ~ 600	200 ~ 400	150 ~ 200
铸铝合金		100 ~ 180	80 ~ 150	60 ~ 100

(2) 车削螺纹时的主轴转速

在车削螺纹时,车床的主轴转速将受到螺纹的螺距(或导程)大小、驱动电动机的升降频特性及螺纹插补运算速度等多种因素的影响,故不同的数控系统适用不同的主轴转速选择范围。如大多数经济型车床数控系统推荐车螺纹时的主轴转速如下:

$$n\leqslant\frac{1200}{P}-k$$

式中,P 为工件螺纹的螺距或导程(mm);k 为保险系数,一般取 80。

3. 进给速度的确定

进给速度是指在单位时间内,刀具沿进给方向移动的距离(单位为 mm/min)。有些数控车床规定可以选用进给量(单位为 mm/r)表示进给速度。

(1) 确定进给速度的原则

① 当工件的质量要求能够得到保证时,为提高生产率,可选择较快的进给速度(2000 mm/min以下)。

② 切断、车削深孔或精车削时,宜选择较慢的进给速度。

③ 刀具空行程,特别是远距离“回零”时,可以设定尽量快的进给速度。

④ 进给速度应与主轴转速和背吃刀量相适应。

（2）进给速度的计算

进给速度可通过进给量与主轴转速得到，具体按 $F=f\times n$ 计算（式中，f 为进给量，n 为转速）。粗车时进给量一般取0.3～0.8 mm/r，精车时进给量常取0.1～0.3 mm/r，切断时进给量常取0.05～0.02 mm/r。表2-2为硬质合金车刀粗车外圆及端面进给量参考值。

表2-2　硬质合金车刀粗车外圆及端面的进给量参考值

工件材料	刀杆尺寸 $B\times H$ /mm×mm	工件直径 D_w/mm	背吃刀量(mm)				
			≤3	>3～5	>5～8	>8～12	>12
			进给量 f(mm/r)				
碳素结构钢、合金结构钢及耐热钢	16×25	20	0.3～0.4				
		40	0.4～0.5	0.3～0.4			
		60	0.5～0.7	0.4～0.6	0.3～0.5		
		100	0.6～0.9	0.5～0.7	0.5～0.6	0.4～0.5	
		400	0.8～1.2	0.7～1.0	0.6～0.8	0.5～0.6	
	20×30 25×25	20	0.3～0.4				
		40	0.4～0.5	0.3～0.4			
		60	0.5～0.7	0.5～0.7	0.4～0.6		
		100	0.8～1.0	0.7～0.9	0.5～0.7	0.4～0.7	
		400	1.2～1.4	1.0～1.2	0.8～1.0	0.6～0.9	0.4～0.6
铸铁及铜合金	16×25	40	0.4～0.5				
		60	0.5～0.8	0.5～0.8	0.4～0.6		
		100	0.8～1.2	0.7～1.0	0.6～0.8	0.5～0.7	
		400	1.0～1.4	1.0～1.2	0.8～1.0	0.6～0.8	
	20×30 25×25	40	0.4～0.5				
		60	0.5～0.9	0.5～0.8	0.4～0.7		
		100	0.9～1.3	0.8～1.2	0.7～1.0	0.5～0.8	
		400	1.2～1.8	1.2～1.6	1.0～1.3	0.9～1.1	0.7～0.9

注： ① 加工断续表面及有冲击的工件时，表内进给量应乘系数 k（$0.75\leq k\leq 0.85$）。

② 在无外皮加工时，表内进给量应乘系数 k（$k=1.1$）。

③ 加工耐热钢及其合金时，进给量不大于1 mm/r。

④ 加工淬硬钢时，进给量应减小。当钢的硬度为44～56 HRC时，进给量应乘系数 k（$k=0.8$）；当钢的硬度为57～62 HRC时，进给量应乘系数 k（$k=0.5$）。

项目三 数控车削加工

任务一 阶梯轴的车削加工

任务引入

图 3-1 所示为一个简单的阶梯轴。工件材料选用 45 号钢。工件已经经过粗加工，还没有被切断，留有 0.5 mm 的精加工余量。要求对零件进行精加工。

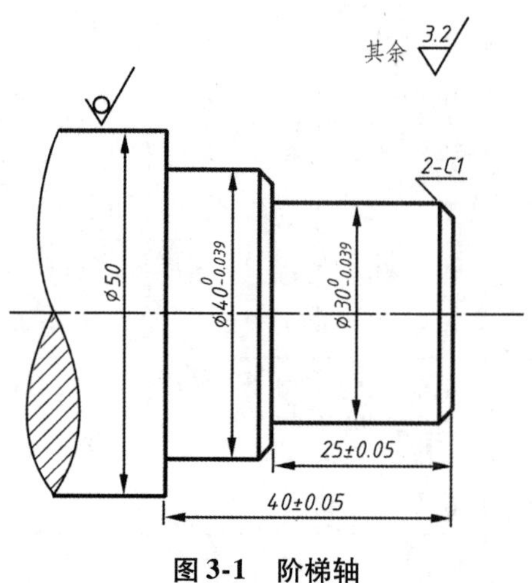

图 3-1 阶梯轴

任务目标

- 掌握常用 M 功能指令的功能。
- 掌握 G00、G01 等基本指令的功能、编程格式及特点。
- 掌握简单外轮廓程序的编制方法。
- 能熟练地分析零件，制定零件的加工工艺，确定加工方法及步骤。

▶▶ 必备知识

1. 数控车床常用夹具——三爪自定心卡盘

三爪自定心卡盘(图 3-2)是数控车床最常用的通用夹具。三爪自定心卡盘的三个卡爪在装夹过程中是联动的,所以三爪自定心卡盘具有装夹简单、夹持范围大和自动定心的特点,主要用于数控车床装夹加工圆柱形轴类零件和套类零件。由于三爪自定心卡盘的定心精度不是很高,因此,当需要二次装夹加工同轴度要求较高的工件时,须对装夹好的工件进行同轴度的校正。

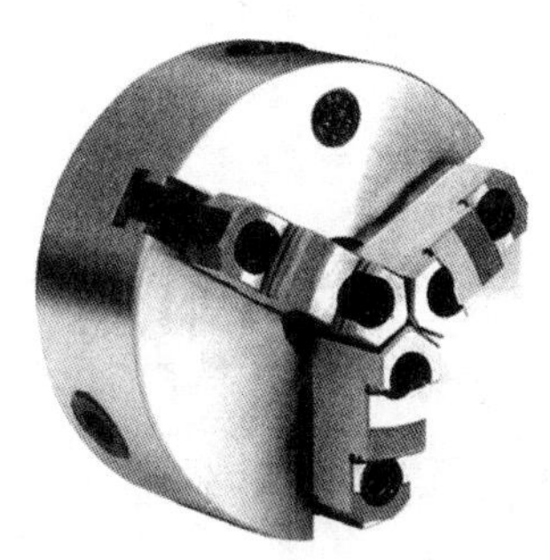

图 3-2　三爪自定心卡盘

三爪自定心卡盘的夹紧方式主要有机械螺旋式、气动式或液压式等形式。其中气动卡盘和液压卡盘装夹迅速、方便,适合批量加工。但因这类卡盘夹持范围变化小,当工件尺寸变化大时,我们要重新调整卡爪位置。因此,这类卡盘不适合尺寸变化大且需要二次装夹工件的加工。

2. 数控车床常用刀具

车刀是金属切削刀具中应用最广泛的刀具,其品种繁多,结构各异。

① 按用途不同,车刀可分为外圆车刀、端面车刀、切断刀、切槽刀、螺纹车刀、内孔车刀等,如图 3-3 所示。

外圆车刀用于车削外圆柱面和外圆锥面,它分直头[图 3-3(a)]和弯头[图 3-3(b)、图 3-3(c)]两种。45°弯头外圆车刀[图 3-3(b)]既可以车削外圆表面,又可以车削端面和倒棱,因通用性较好,得到广泛使用;90°弯头外圆车刀[图 3-3(c)]可用于车削阶梯轴、凸肩、端面及刚度低的细长轴。

端面车刀[图 3-3(d)]用于车削垂直于轴线的平面,工作时采用横向进给。

切断刀[图 3-3(e)]用于从棒料上切下已加工好的零件,也可以切窄槽。切断刀切削部分宽度很小,强度低,排屑不畅时极易折断。

切槽刀用于车削沟槽,外形与切断刀类似。

螺纹车刀[图 3-3(f)]是一种具有螺纹廓形的成形车刀。其结构简单,通用性强,可用来加工各种形状、尺寸及精度的内外螺纹,特别适合加工大尺寸的螺纹。

内孔车刀[图 3-3(g)]用于车削内圆柱面和内圆锥面。其工作条件较外圆车刀差,这是由于内孔车刀的刀杆截面尺寸和悬伸长度都受被加工孔的限制。内孔车刀的刚度低、易震动,因此其只能承受较小的切削力。

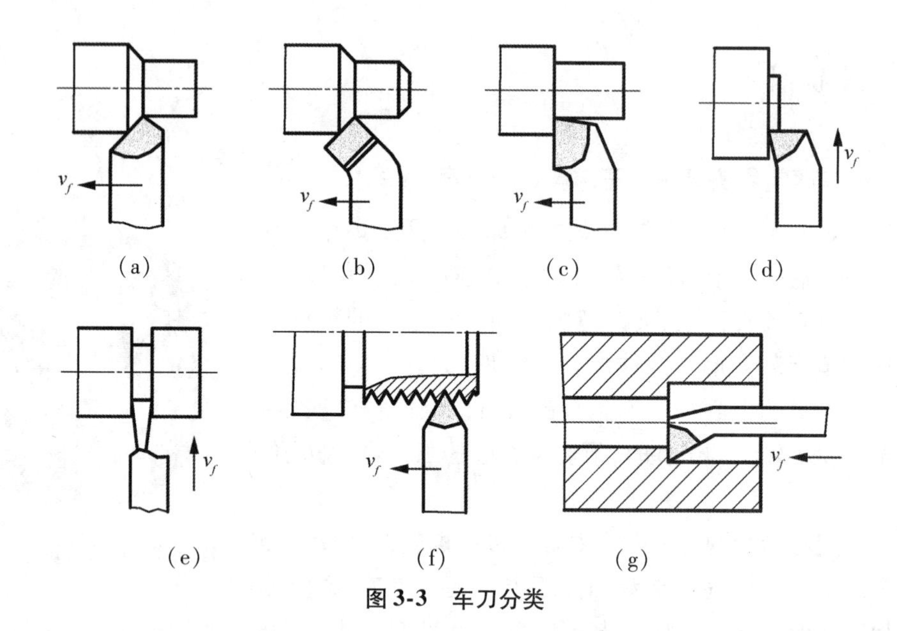

图 3-3 车刀分类

② 按结构不同,车刀可分为整体车刀、焊接车刀、焊接装配式车刀、机械夹固式车刀等。

整体车刀是由整块高速钢淬火、磨制而成的,俗称“白钢刀”。其形状为长条形,截面为正方形或矩形。这种车刀在使用时可根据不同用途将切削部分修磨成所需形状。

焊接车刀是在普通碳钢刀杆上镶焊硬质合金刀片或其他刀具材料刀片。

焊接装配式车刀是将硬质合金刀片焊接在小刀块上,再将小刀块装配到刀杆上。焊接装配式车刀多用于重型车刀。硬质合金焊接车刀的优点是结构简单,可以根据需要进行刃磨。其主要缺点是其切削性能主要取决于工人的刃磨技术,不适应现代化生产要求,且刀杆不能重复使用。在制造工艺上,由于硬质合金刀片和刀杆材料(一般为中碳钢)的线膨胀系数不同,焊接时易产生热应力,当焊接工艺不合理时,硬质合金车刀易产生裂纹。

机械夹固式车刀也称可转位车刀(见图 3-4)。其刀片呈多边形,每条边都可做切削刃,因此,当某一边被用钝时,我们只需将刀片转位,即可使新的切削刃投入切削。机械夹固式车刀的最大优点是刀具的几何参数完全由刀片和刀杆上的刀槽保证,不受工人技术水平的影响,切削性能稳定,因此其很适合现代化生产要求。除此之外,机械夹固式车刀的优点还有:刀片不经高温焊接,排除了产生焊接裂纹的可能性;刀杆可进行热处理,从而提高了刀片支承面的硬度,也延长了刀片的寿命;刀杆可以重复使用。

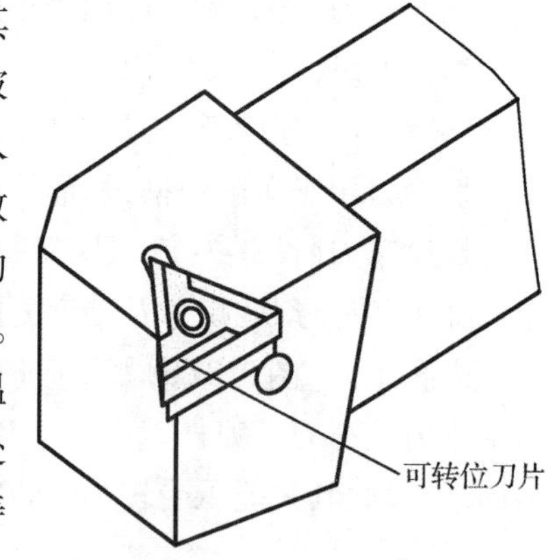

图 3-4 可转位车刀

3. 数控车刀在数控机床刀架上的安装要求

车刀安装得正确与否,将直接影响切削能否顺利进行和工件的加工质量好坏。安装车刀时,应注意下列几个问题:

① 车刀安装在刀架上,伸出部分不宜太长,伸出量一般为刀杆长度的1.5倍。伸出过长会使刀杆刚性变差,车刀切削时易产生震动,从而影响工件的表面粗糙度。

② 车刀垫铁要平整,数量要少。垫铁应与刀架对齐。至少要用两个螺钉将车刀压紧在刀架上,并逐个拧紧螺钉。

③ 车刀刀尖应与工件轴线等高,否则因基面和切削平面的位置发生变化,车刀工作时的前角和后角的数值会发生改变。

④ 车刀刀杆中心线应与进给方向垂直,否则会使主偏角和副偏角的数值发生变化,如螺纹车刀安装歪斜,会使螺纹牙形半角产生误差。

任务实施

1. 确定数控车削加工工艺

(1) 分析图样

根据所要加工的零件,选择已进行精加工的半成品:长度为40 mm,材料为45号钢,留有0.5 mm的精加工余量。该零件属于轴类零件。加工的内容包括圆柱面的精加工和倒角加工。表面粗糙度要求 *Ra* 不大于3.2 μm,径向尺寸的精度要求较高,有公差要求。加工无热处理和硬度要求。

(2) 确定装夹方案

以毛坯件轴线和右端大端面(设计基准)为定位基准。对左端采用三爪自定心卡盘夹住 ϕ50 mm的外圆,外伸40 mm。

(3) 准备量具

根据本零件所需要测量的尺寸要素及精度要求,测量本零件时可选用的量具为游标卡尺。

(4) 选择刀具及切削参数

表3-1　刀具及切削参数的选择

序号	工步内容	刀具号	刀具类型	主轴转速/(r/min)	进给速度/(mm/r)
1	粗车外轮廓	T1	90°外圆刀	600	0.3
2	精加工外轮廓	T1	90°外圆刀	800	0.1

(5) 设定工件坐标系

选取工件右端面的中心点为工件坐标系的原点。

2. 编程说明

① 计算出各基点的编程坐标值，采用径向直径编程方式。此零件的加工只是精加工，加工步骤比较简单。图 3-5 中从点 A 至点 J 的路线为精加工轨迹。根据零件图标出的精加工刀位点代号 A、B、D、E、F、G、H、I、J 如表 3-2 所示。

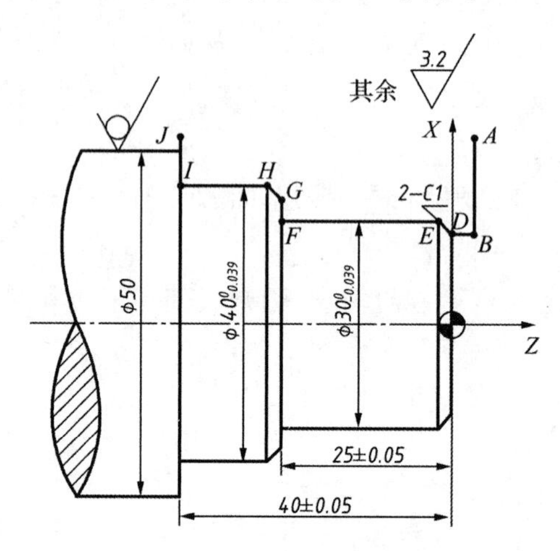

图 3-5 精加工轨迹

表 3-2 精加工刀位点

点	坐标点
A	(55,5)
B	(28,5)
D	(28,0)
E	(30, -1)
F	(30, -25)
G	(38, -25)
H	(40, -26)
I	(40, -40)
J	(55, -40)

② 写出加工程序。

```
O0001;
M03  S600  T0101;
G00  X55.0  Z5.0;
     X28.0;
G01  Z0.0  F0.1;
     X30.0  Z-1.0;
     Z-25.0;
```

```
        X38.0;
        X40.0  Z-26.0;
        Z-40.0;
G00  X55.0;
G00  X100.0  Z100.0;
M03;
M05;
```

▶▶ 任务总结

本项目通过阶梯轴的精加工，使读者熟悉 G00、G01 等基本指令，掌握各指令加工的特点、适用范围、使用方法、使用技巧以及在使用过程中应注意的问题等，掌握简单外轮廓程序的编制方法，进一步提高编程与加工操作水平。

本项目的学习重点：掌握常用 M 功能指令的功能，G00 和 G01 等基本指令的功能、编程格式及特点，会编制简单外轮廓的程序，掌握游标卡尺的使用方法。

▶▶ 任务拓展

图 3-6 所示为一个简单的阶梯轴。工件材料选用 45 号钢。工件已经经过粗加工，还没有被切断，留有 0.5 mm 的精加工余量。要求对零件进行精加工。

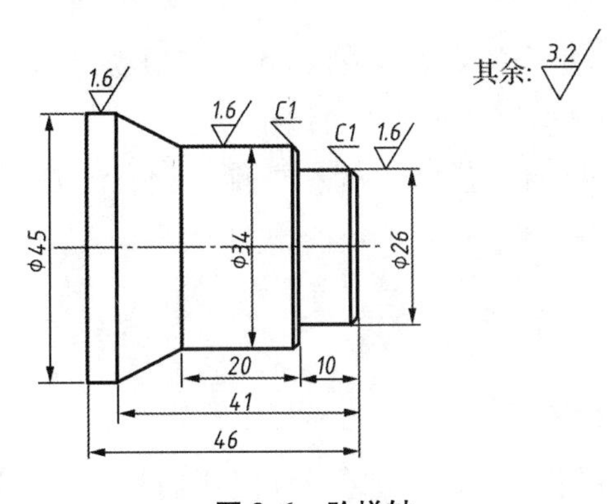

图 3-6　阶梯轴

任务二 手柄的车削加工

▶▶ 任务引入

单件加工如图 3-7 所示的手柄。毛坯为 ϕ30 mm 的棒料。材料为铝材。

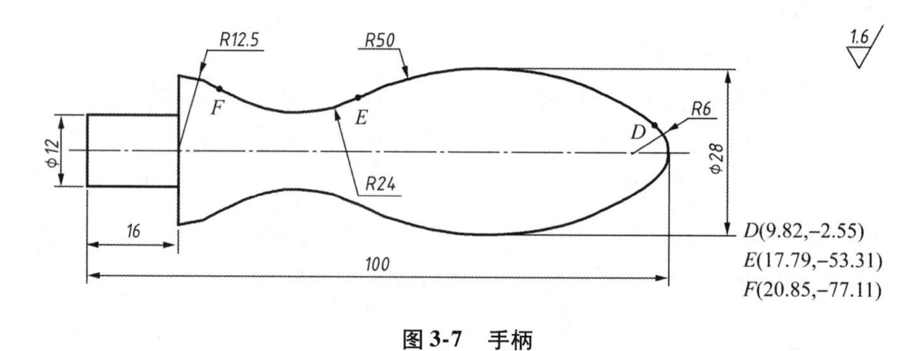

图 3-7 手柄

▶▶ 任务目标

- 掌握 G73 复合循环指令的功能、编程格式及应用场合。
- 掌握外切槽加工的方法及数控程序的编制方法。
- 掌握较复杂零件的综合工艺分析方法,并能合理安排加工工艺和工序。

▶▶ 必备知识

1. 圆弧插补指令(G02/G03)

G02 为顺时针圆弧插补指令,G03 为逆时针圆弧插补指令。数控车床的刀架位置有两种形式,即在操作者的内侧(前置刀架)和在操作者的外侧(后置刀架)。我们应结合刀架的位置判别圆弧插补的顺逆,如图 3-8、图 3-9 所示。本书以后置刀架的数控车床为例讲解加工程序的编制。

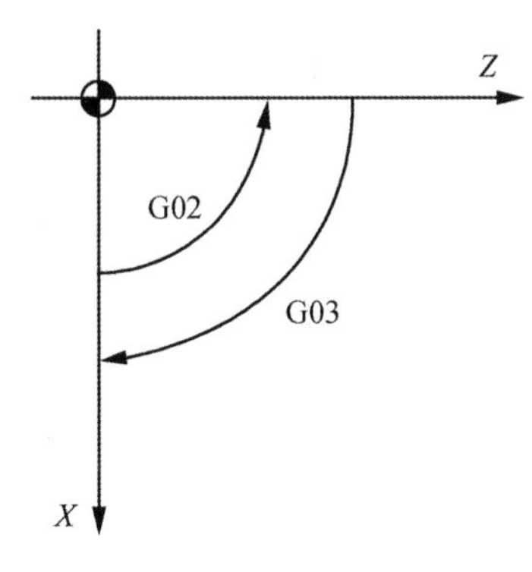

图 3-8　刀架在操作者内侧

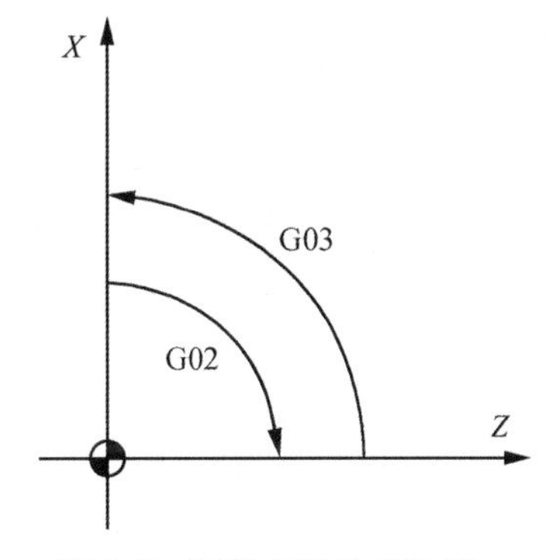

图 3-9　刀架在操作者外侧

编程格式一：

```
G02/G03  X__  Z__  R__  F__;
```

其中，X、Z 为圆弧终点坐标，R 为圆弧半径，F 为进给速度。例如：

```
G02  X36  Z-10  R3  F100;
```

表示刀具从当前位置开始以 100 mm/min 的进给速度沿半径为 3 mm 的圆弧移动到(36，-10)的位置。

编程格式二：

```
G02/G03  X__  Z__  I__  K__  F__;
```

其中，X、Z 为圆弧终点坐标，I、K 为圆弧中心相对于圆弧起点的坐标，F 为进给速度。

2. 暂停指令(G04)

推迟下一个程序段的执行时间，可使刀具做短时间的无进给光整加工。

编程格式一：

```
G04  X__;
```

编程格式二：

```
G04  P__;
```

其中，X 或 P 为暂停时间。X 后面可以接一个带有小数点的数，单位为 s。P 后面接一个不带小数点的数，单位为 ms。例如：

```
G04  X1.8;
G04  P1800;
```

两者都表示将下一个程序段的执行时间向后推迟 1.8 s。

3. 闭合车削固定循环指令(G73)

指令 G73 的作用是将工件切削至精加工之前的尺寸。刀具按照精加工轮廓进行循环运动。当工件毛坯已经具备了简单的零件轮廓时，我们使用指令 G73 进行粗加工，可以节省加工时间，提高加工效率。在使用 G73 指令前，应先用 G00 或 G01 指令将刀具移动到固定循环加工的起点。

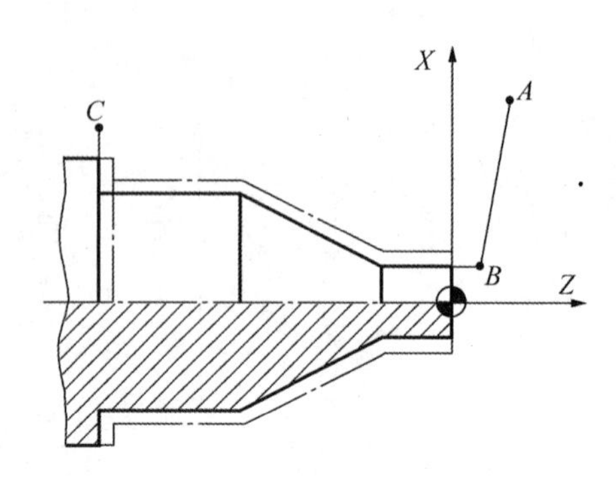

图 3-10 使用 G73 粗加工工件

当用指令 G73 粗加工如图 3-10 所示的工件时,我们可确定精加工形状的轨迹为:从点 A 出发运动到点 B,再沿着工件的轮廓运动到点 C。在确定精加工形状的轨迹时,必须保证刀具从点 C 沿直线运动到点 A 时,不与工件发生干涉。

编程格式:

```
G73  U__  W__  R__;
G73  P__  Q__  U__  W__  F__;
N  … ;
…
N … ;
```

其中,第一个程序段中的 U 和 W 后面分别接沿 X 轴和 Z 轴的退刀距离。当退刀方向与坐标轴的正向相同时,我们应在退刀距离前加符号“+”(可省去);当退刀方向与坐标轴的正向相反时,我们应在退刀距离前加符号“-”。R 后接粗加工的走刀次数。第二个程序段中的 P 和 Q 后面分别接精加工程序段的起始程序段顺序号和终止程序段顺序号,U 和 W 后面分别接 X 轴方向和 Z 轴方向的精加工余量,F 为粗加工时的进给速度。下面程序段中的两个 N 后面分别接精加工程序段的起始程序段顺序号和终止程序段顺序号,省略号的部分表示精加工程序段。

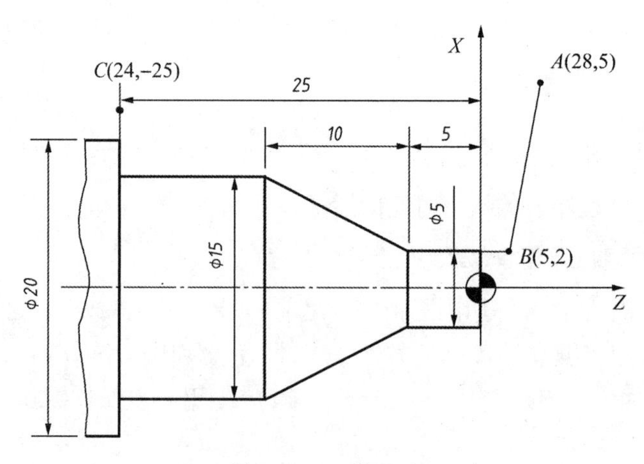

图 3-11 工件尺寸

如果工件的尺寸如图 3-11 所示，用指令 G73 粗加工时，若沿 *X* 轴和 *Z* 轴的退刀距离分别为 3 mm 和 2.5 mm，退刀方向与相应轴的正方向相同，粗加工的走刀次数为 3，进给速度为 0.2 mm/r，*X* 轴方向的精加工余量为 0.2 mm，*Z* 轴方向的精加工余量为 0.1 mm，精加工程序段的起始程序段顺序号为 10（任意的），终止程序段顺序号为 20（任意的），则编写程序如下：

```
G00  X28.0  Z5.0;
G73  U3.0  W2.5  R3;
G73  P10  Q20  U0.2  W0.1  F0.2;
N10  G00  X5.0  Z2.0;
G01  Z-5.0;
X15.0  Z-15.0;
Z-25.0;
N20  X24.0;
```

粗加工时，刀具运动的轨迹如图 3-12 所示，从点 *A* 出发，运动到点 *D*，再按精加工的轨迹重复切削。每次走刀后刀具向工件移动一次。最后一次走刀留下精加工余量后，刀具仍然回到点 *A*。

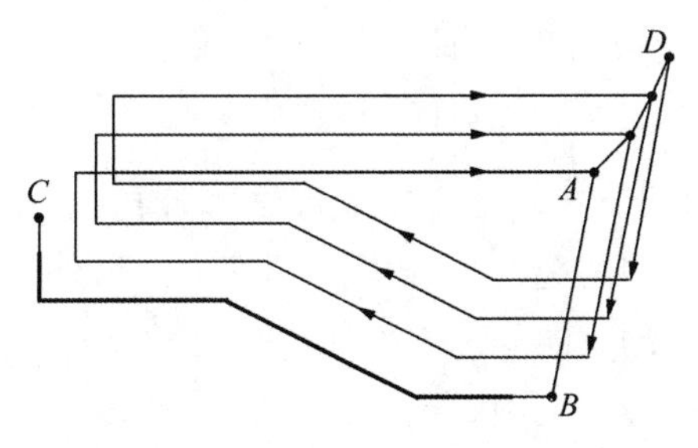

图 3-12　刀具运动轨迹

4. 加工固定循环指令（G70）

当用指令 G71、G72 或 G73 粗加工后，我们可用指令 G70 对工件进行精加工。

编程格式：

```
G70  P__  Q__;
```

其中，P 和 Q 后面分别接精加工程序段的起始程序段顺序号和终止程序段顺序号。

若程序中已经分别用指令 G71、G72 或 G73 对某一工件进行了粗加工，粗加工结束后，我们可用指令 G70 对工件进行精加工，编写程序如下：

```
G70  P10  Q20;
```

刀具从点 *A* 出发运动到点 *B*，然后沿工件轮廓运动到点 *C*，最后快速返回到循环起点（点 *A*）。

在含有指令 G71、G72 或 G73 的程序段中指定的切削用量对精加工无效。我们可以在精加工程序段中指定精加工的切削用量。

5. 自动返回参考点指令(G28)

编程格式:

```
G28  X(U)__  Z(W)__;
```

功能:刀具先快速移动到指令值所指令的中间点位置,然后自动返回参考点。

说明: 执行 G90 时 X、Z 是中间点的坐标值。执行 G91 时,X、Z 是中间点相对刀具当前点的移动距离。对各轴而言,移动到中间过渡点或移动到参考点均是以快速移动的速度来完成的(非直线移动)。这种定位完全等效于 G00 定位。

6. 槽的种类

① 根据沟槽宽度不同,槽可分为宽槽和窄槽两种。

a. 窄槽沟槽的宽度不大。采用刀头宽度等于槽宽的车刀,一次车出的沟槽称为窄槽。

b. 沟槽宽度大于切槽刀头宽度的槽称为宽槽。

② 根据槽截面的形状不同,槽可分为直槽和梯形槽两种。

a. 槽的截面为矩形的槽称为直槽。

b. 槽的截面为梯形的槽称为梯形槽。

7. 槽类零件的装夹

根据槽的宽度条件,切槽经常采用直接成形法,即槽的宽度就是切槽刀刃的宽度,等于背吃刀量。采用这种方法切削会产生较大的切削力。另外,大多数槽是位于零件的外表面上的。切槽时主切削力的方向与工件轴线垂直,会影响工件的装夹稳定性。因此,在数控车床上对槽进行加工一般可采用下面两种装夹方式:

① 利用软卡爪,并适当增加夹持面的长度,以保证定位准确、装夹稳固。

② 利用尾座及顶尖做辅助支撑,采用一夹一顶方式装夹,最大限度地保证零件装夹稳定。

8. 槽类零件的加工方法

① 对于宽度、深度值不大,且精度要求不高的槽,我们可采用以与槽等宽的刀具直接切入一次成形的方法加工,如图 3-13 所示。在刀具切入到槽底后可利用延时指令使刀具短暂停留,以修整槽底圆度。

② 宽槽的切削。宽槽的宽度、深度等精度要求及表面质量要求相对较高。在切削宽槽时我们常采用排刀的方式进行粗切,然后用精切槽刀沿槽的一侧切至槽底,精加工槽底至槽的另一侧,再沿侧面退出。切削方式如图 3-14 所示。

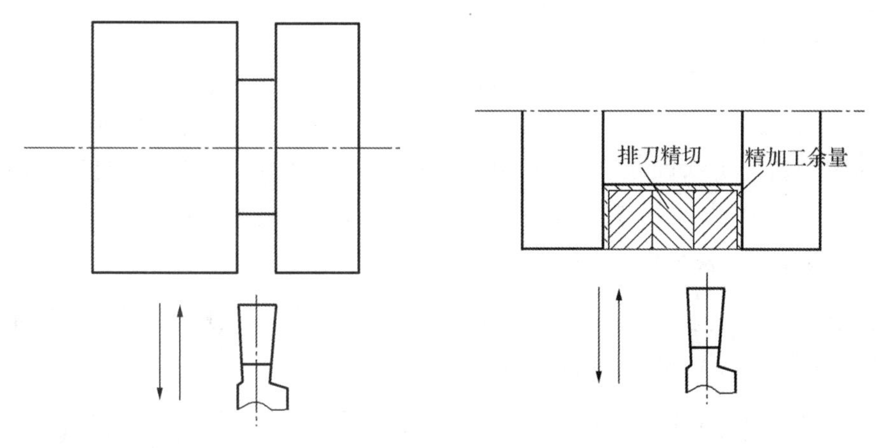

图 3-13　与槽等宽的刀具直接切入加工　　　图 3-14　切削方式

9. 切削用量与切削液的选择

背吃刀量、进给量和切削速度是切削用量三要素。在切槽过程中,背吃刀量受到切刀宽度的影响,其大小的调节范围较小。要增加切削稳定性,提高切削效率,就要选择合适的切削速度和进给速度。在普通车床上进行切槽加工时,切削速度和进给速度相对外圆切削的速度要选取得慢些,一般取外圆切削速度的 30% ~70% 。由于数控车床的各项性能指标远高于普通车床,因此切削用量可以选择得相对大些。切削速度可以选择外圆切削速度的 60% ~80% ,进给速度选取 0.05 ~0.3 mm/r。

需要注意的是,切槽中容易产生震动现象,这往往是由进给速度过慢,或者是由于线速度与进给速度搭配不当造成的。这种现象须及时调整,以保证切削稳定。

在切槽过程中,为了解决切槽刀刀头面积小、散热条件差、易产生高温而降低刀片切削性能等问题,我们可以选择冷却性能较好的乳化类切削液进行喷注,使刀具充分冷却。

10. 切槽与切断编程中应注意的问题

切槽与切断编程中应注意的问题:

① 切刀有左右两个刀尖及切削中心处的三个刀位点,如图 3-15 所示。我们在编写加工程序时要采用其中之一作为刀位点,一般常用刀位点 1。在整个加工程序中应采用同一个刀位点。

② 注意合理安排切槽后的退刀路线,避免刀具与零件碰撞,使车刀及零件损坏。

③ 切槽时,刀刃宽度、切削速度和进给量都不宜太大。

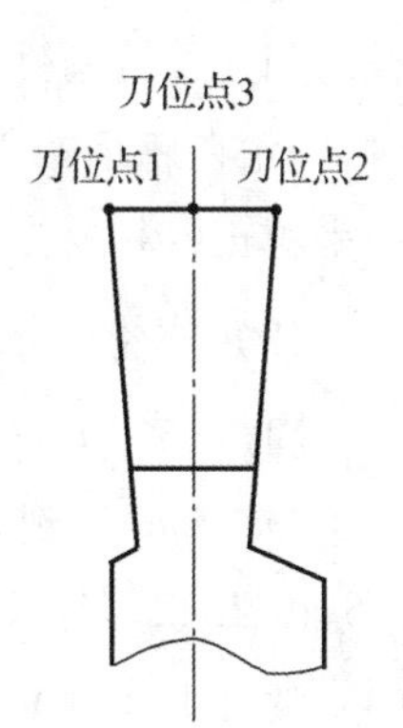

图 3-15　刀位点

11. 梯形槽编程

车较小的梯形槽时,一般以成形刀一次完成。车较大的梯形槽时,通常先切割直槽,然后用梯形刀直进法或左右切削法完成。

12. 外径千分尺

外径千分尺是一种用于测量加工精度要求较高的外尺寸的精密量具,具有体积小、坚固耐用、测量准确度较高、使用方便、调整容易、测力恒定等特点,使用得非常普遍。外径千分尺的测量精度可达到 0. 01 mm。根据测量范围的大小,外径千分尺可分为 0 ~25 mm、25 ~50 mm、50 ~75 mm、75 ~100 mm、100 ~125 mm 等几种规格。

(1) 外径千分尺的结构

外径千分尺的结构如图 3-16 所示,主要由尺架、测砧、测微螺杆、固定套管、微分筒、测力装置、锁紧装置、隔热板等零部件组成。

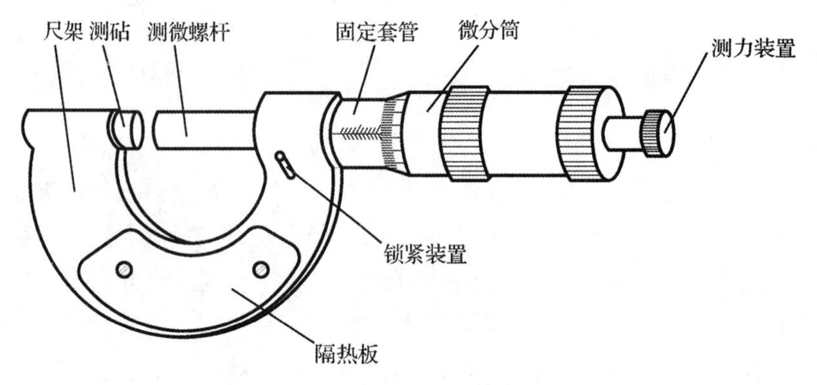

图 3-16 外径千分尺的结构

外径千分尺固定套管(主尺)的表面有刻度。衬套内有螺纹,螺距为0. 5 mm。测微螺杆右面的螺纹可沿此内螺纹回转。固定套管的外面是微分筒(副尺)。微分筒上面有刻线。它用锥孔与测微螺杆右端锥体相连。测微螺杆在转动时的松紧度可用螺母调节。当要测微螺杆固定不动时,我们可转动手柄通过偏心锁紧机构实现。测力装置主要由棘轮、棘爪和弹簧等零件组成。棘轮转动后,测微螺杆就会前进。当测微螺杆左端面接触工件时,棘轮在棘爪的斜面上打滑。由于弹簧的作用,棘轮在棘爪上划过而发出"咔咔"声。如果棘轮以相反方向转动,我们可拨动棘爪和微分筒,使测微螺杆向右移动。

(2) 外径千分尺的刻线原理

固定套管上有一条纵向刻线。这条刻线是微分筒的读数基准线。该线上下各有一排间距为 1 mm 的刻度线。这两排刻度线相互错开 0. 5 mm(图 3-17)。其中上一排刻线刻有 0、5、10、15、25,表示毫米整数值,对应的下一排刻线表示相差 0. 5 mm 的数值。两排刻线将固定套管上 25 mm 的长度分成 50 个小格。一格等于 0. 5 mm,正好等于测微螺杆的螺距。

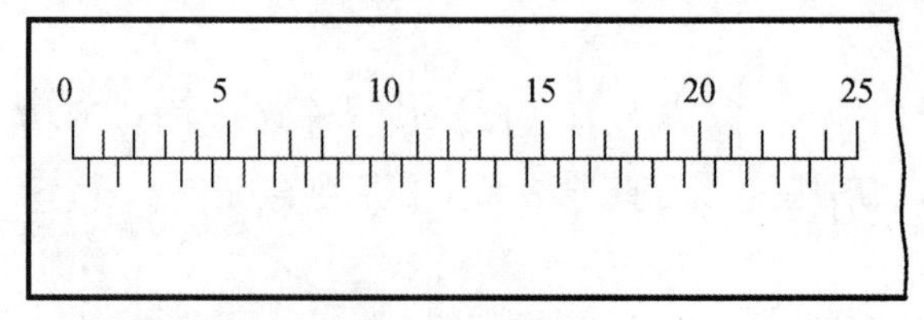

图 3-17 微分筒刻线

微分筒每转一周所移动的距离正好等于固定套管上的一格。顺时针转一周,就使测距缩短0.5 mm;逆时针转一周,就使测距延长0.5 mm。将微分筒沿圆周等分成50个小格,转动1/50周(一小格),则移动距离为$0.5\times1/50$ mm = 0.01 mm。微分筒转动10小格时,移动距离为0.1 mm。

(3) 外径千分尺的读数方法

① 先读整数:看微分筒棱边的左侧,固定套管上纵向刻线上方毫米整数刻线,最靠近微分筒棱边的刻线数值为被测尺寸的整数值。

② 再读等于0.5 mm的小数:看微分筒棱边与被测尺寸的整数值刻线之间有无表示0.5 mm的刻线。如果有,则小数部分的读数将大于0.5 mm;如果没有,则小数部分的读数将小于0.5 mm。

③ 最后读小于0.5 mm的小数:看固定套管上纵向刻线与微分筒上哪一条刻线对齐。此刻线的数值即为被测尺寸小于0.5 mm的小数值。

④ 将以上读数相加即得被测尺寸读数。

如图3-18所示,(a)图中固定套管上纵向刻线上方最靠近微分筒棱边的毫米整数刻线为6 mm,这是读数的整数部分。微分筒棱边与被测尺寸的整数值刻线之间没有表示0.5 mm的刻线。固定套管上纵向刻线与微分筒上0.22 mm的刻线对齐,读数的小数部分为0.22 mm。所以被测尺寸为(6+0.22)mm=6.22 mm。(b)图中固定套管上纵向刻线上方最靠近微分筒棱边的毫米整数刻线为5 mm,这是读数的整数部分。微分筒棱边与被测尺寸的整数值刻线之间有表示0.5 mm的刻线,而固定套管上纵向刻线与微分筒上0.23 mm的刻线对齐。所以读数的小数部分为(0.5+0.23)mm=0.73 mm,被测尺寸为(5+0.73)mm=5.73 mm。(c)图中固定套管上纵向刻线上方最靠近微分筒棱边的毫米整数刻线为1 mm,这是读数的整数部分。微分筒棱边与被测尺寸的整数值刻线之间有表示0.5 mm的刻线,而固定套管上纵向刻线与微分筒上0.05 mm的刻线对齐。所以读数的小数部分为(0.5+0.05)mm=0.55 mm,被测尺寸为(1+0.55)mm=1.55 mm。

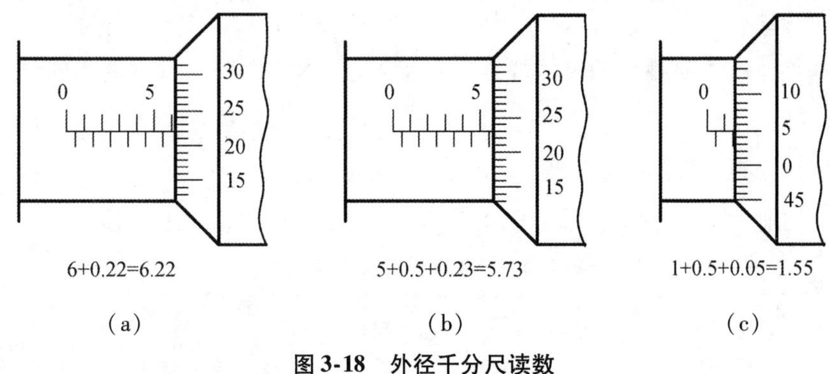

图3-18　外径千分尺读数

(4) 外径千分尺的使用方法

① 使用前要校对零位,把千分尺的两个测量面擦干净,转动测力装置,使测量面正常

接触(对测量范围大于25 mm的千分尺,要在测量面间放入标准量棒)。这时微分筒刻度的零线应与固定套管的纵向刻线重合,且微分筒棱边应与固定套管上的零线对齐。

② 测量前,要擦净被测表面。不允许用千分尺测量粗糙表面。

③ 测量时,要转动测力装置,使千分尺的测量面与被测表面接触。当听到“咔咔”声音后,就要停止转动,进行读数。不允许用力旋转微分筒,或把千分尺锁紧后卡入工件。

④ 需要取下千分尺进行读数时,应先用制动销将测微螺杆锁紧,然后轻轻取下。

⑤ 为了提高测量精度,允许轻轻地晃动千分尺或被测工件,以保证被测表面与千分尺的测量表面接触良好;还可以在被测表面的不同位置或方向上进行多次反复测量,并取其算术平均值作为测量结果。

▶▶ 任务实施

1. 确定数控车削加工工艺

(1) 分析图样

该零件属于轴类零件,选用 ϕ30 mm×130 mm的毛坯。加工的内容包括圆柱面和圆弧面。表面粗糙度要求 *Ra* 不大于3.2 μm。径向尺寸精度要求不高,为自由公差。加工无热处理和硬度要求。由于该任务中含有圆弧指令,而且零件的直径落差比较大,因此加工余量大。我们需要多次重复同一路径循环加工,才能去除全部余量。这造成程序内存较大。为了简化编程,数控系统提供了不同形式的固定循环功能,以简化计算,减少程序所占内存。此工件外轮廓加工选用G73复合循环指令。

(2) 确定装夹方案

以毛坯件轴线和右端大端面(设计基准)为定位基准。对左端采用三爪自定心卡盘夹住 ϕ30 mm的外圆,外伸100 mm。

(3) 准备量具

根据本零件所需要测量的尺寸要素及精度要求,本零件测量时可选用的量具为游标卡尺和千分尺。

(4) 选择刀具及切削参数

刀具及切削参数选择情况见表3-3。

表3-3 刀具及切削参数的选择

序号	工步内容	刀具号	刀具类型	主轴转速/(r/min)	进给速度/(mm/r)
1	粗加工外轮廓	T1	90°外圆刀	600	0.3
2	精加工外轮廓	T1	90°外圆刀	800	0.1
3	切槽	T1	4 mm切槽刀	450	0.1

(5) 设定工件坐标系

选取工件右端面的中心点为工件坐标系的原点。

2. 编程说明

① 计算出各基点的编程坐标值,采用径向直径编程方式。根据图 3-19 所示零件尺寸标出的外轮廓精加工刀位点代号 A、B、C、D、E、F、G、H、I 如表 3-4 所示。

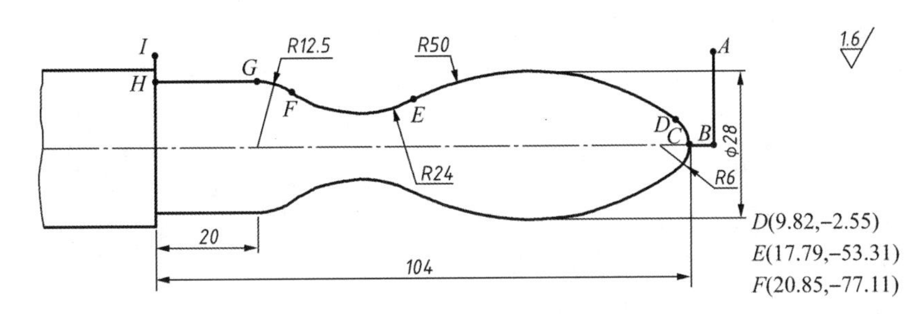

图 3-19　零件尺寸

表 3-4　外轮廓精加工刀位点

点位	坐标点
A	(35,5)
B	(0,5)
C	(0,0)
D	(9.82, -2.55)
E	(17.79, -53.31)
F	(20.85, -77.11)
G	(25, -84)
H	(25, -104)
I	(35, -104)

② 编写加工程序。

```
O0001;
N1;                              外轮廓粗加工
M03  S600  T0101;
G00  X35.0  Z5.0;
G73  U15.0  W0.0 R15;
G73  P10  Q20  U0.3  W0.0  F0.3;
N10  G01  X0.0  F0.1;
X0  Z0.0;
```

```
G03  X9.82  Z-2.55  R6.0;
X17.79  Z-53.31  R50.0;
G02  X20.85  Z-77.11  R24;
G03  X25.0  Z-84.0  R12.5;
G01  Z-104;
N20  X35.0;
G28  U0.0  W0.0;
M05;
M00;
N2;                                    外轮廓精加工
M03  S800.0  T0101;
G00  X35.0  Z5.0;
G70  P10  Q20;
G28  U0.0  W0.0;
M05;
M00;
N3;                                    外切槽
M03  S450.0  T0202;
G00  X35.0  Z5.0;
Z-88.0;
G01  X16.1  F0.1;
G00  X35.0;
Z-91.0;
G01  X16.1;
G00  X35.0;
Z-94.0;
G01  X16.1;
G00  X35.0;
Z-97.0;
G01  X16.1;
G00  X35.0;
Z-100.0;
G01  X16.0;
G04  X1.8;
Z-88.0;
G04  X1.8;
```

```
G00  X35.0;
G28  U0.0  W0.0;
M05;
M30;
```

▶▶ 任务总结

本项目通过手柄的加工，使读者学会轴类零件加工的工艺分析，合理地选择 G73、G70 复合循环指令对零件的外轮廓进行粗、精加工，为宽槽切削加工安排合理的切削路径，合理安排加工步骤和选择切削用量等，从而进一步提高编程与加工操作水平。

本项目的学习重点是：熟练掌握利用 G73、G70 复合循环指令实现对零件的外轮廓进行粗、精加工的编程方法，掌握切槽程序的编写方法。

▶▶ 任务拓展

单件加工如图 3-20 所示的零件。毛坯为 ϕ40 mm 的棒料，材料为铝材。

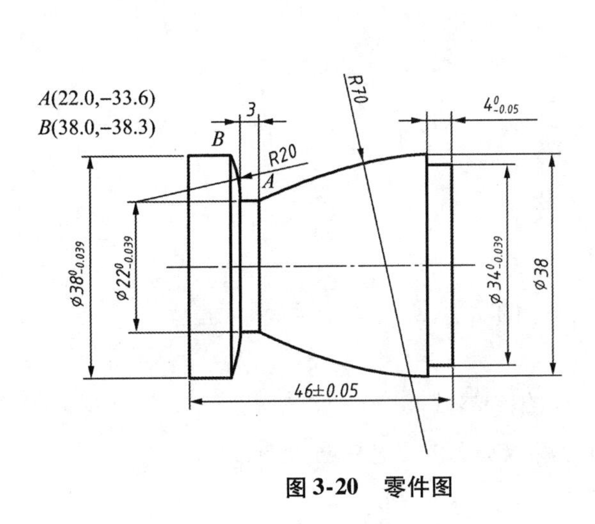

图 3-20　零件图

任务三　旋入式模柄的加工

任务引入

单件加工如图 3-21 所示的零件。毛坯为 ϕ30 mm 的棒料,材料为铝材。

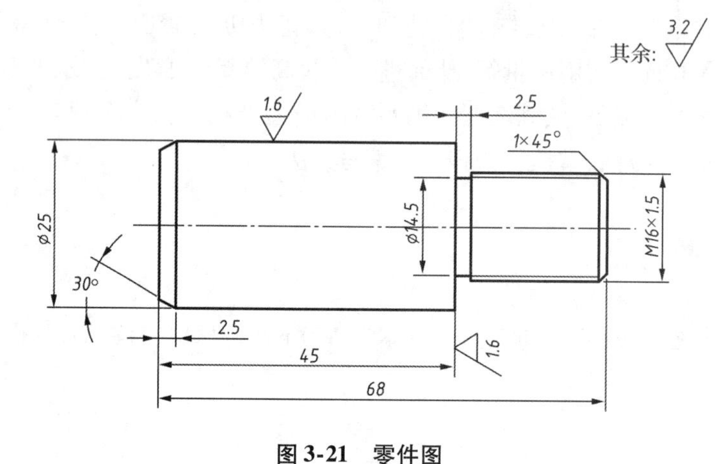

图 3-21　零件图

任务目标

- 掌握 G71 复合循环指令的功能、编程格式及应用场合。
- 了解螺纹的基本知识。
- 掌握 G92 指令的功能、编程格式及特点。
- 掌握简单轴类零件上螺纹加工的工艺过程及方法。

必备知识

1. 外圆粗车固定循环指令(G71)

使用指令 G71 可将工件切削至精加工之前的尺寸。编程时,我们只要给出精加工形状的轨迹、精加工的余量以及粗加工的进刀量(切削深度)、退刀量、进给速度等,就可以得到粗加工的刀具运动轨迹。在使用 G71 指令前应先用 G00 或 G01 指令将刀具移动到固定循环加工的起点。

当用指令 G71 粗加工如图 3-22 所示的工件时，我们可确定精加工的刀具运动轨迹为：从点 A 出发运动到点 B，再沿着工件的轮廓运动到点 C。在确定精加工形状的轨迹时，必须保证：① 刀具沿着 X 轴从点 A 运动到点 B 时，Z 轴方向不能发生变化，即第一行精加工程序段中 Z 轴坐标不能发生变化；② 刀具从点 B 运动到点 C 时，X 轴和 Z 轴的坐标值必须都单调增大或减小。

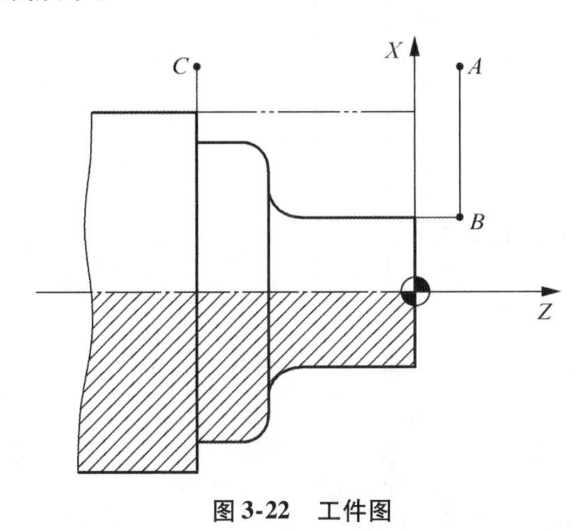

图 3-22　工件图

编程格式：

```
G71  U__  R__;
G71  P__  Q__  U__  W__  F__;
N  … ;
   …
N  … ;
```

其中，第一个程序段中的 U 和 R 后面分别接粗加工时的进刀量和退刀量；第二个程序段中的 P 和 Q 后面分别接精加工程序段的起始程序段顺序号和终止程序段顺序号，U 和 W 后面分别接 X 轴方向和 Z 轴方向的精加工余量，F 后面接粗加工时的进给速度；程序段中的两个 N 后面分别接精加工程序段的起始程序段顺序号和终止程序段顺序号，省略号的部分表示精加工程序段。

图 3-22 中工件的尺寸如图 3-23 所示。用指令 G71 粗加工时，若进刀量为 2 mm，退刀量为 0.5 mm，进给速度为 100 mm/min，X 轴方向的精加工余量为 0.2 mm，Z 轴方向的精加工余量为 0.1 mm，精加工程序段的起始程序段顺序号为 10（任意的），终止程序段顺序号为 20（任意的），精加工时刀具运动的起点坐标和终点坐标如图 3-23 所示，则编程如下：

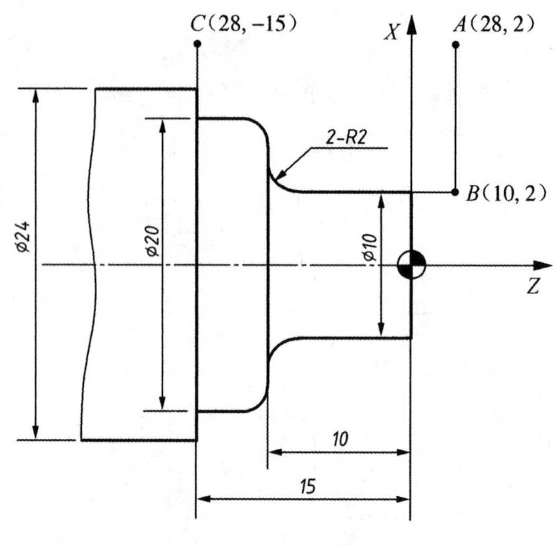

图 3-23 工件尺寸

```
G00  X28  Z2;
G71  U1  R0.5;
G71  P10  Q20  U0.2  W0.1  F100;
N10  G00  X10;
G01  Z-8;
G02  X14  Z-10  R2;
G01  X16;
G03  X20  Z-12  R2;
G01  Z-15;
N20  X28;
```

粗加工时,刀具运动的轨迹如图 3-24 所示。刀具从点 A 出发,先沿 Z 轴方向切削,再沿精加工轮廓(留下精加工余量)切削,最终仍然回到点 A。

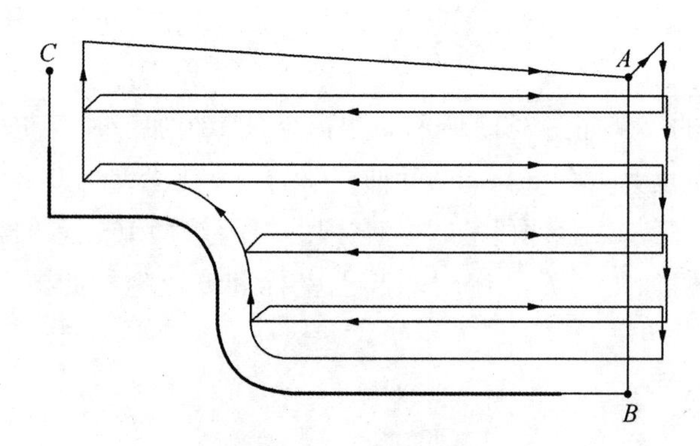

图 3-24 刀具运动轨迹

2. 螺纹的形成

用成形刀具沿螺旋线切深即形成螺纹。螺纹的加工方法很多,而车削加工是最常用的一种。

螺纹加工属于成形加工。为了保证螺纹的导程,加工时若主轴旋转一周,则车刀的进给量必须等于螺纹的导程,进给量较大。另外,螺纹车刀的强度一般较差,而螺纹牙型往往不是一次加工而成。如欲提高螺纹的表面质量,我们可增加几次光整加工。

3. 单一固定循环螺纹车削指令(G92)

指令 G92 主要用于车削螺纹。在使用指令 G92 前我们应先用指令 G00 或 G01 将刀具移动到固定循环加工的起点。

编程格式:

```
G92  X__  Z__  F__;
```

其中,X、Z 为螺纹终点的坐标,F 为螺距。

运动轨迹说明:执行 G92 时刀具的运动轨迹是一个闭合的矩形轨迹。刀具从循环起点 A 沿 X 轴方向快速移动至点 B,然后以每转一周进给一个导程的速度沿 Z 方向切削进给至点 C,再沿 X 轴方向快速退刀至点 D,最后返回循环起点 A,准备下一次循环。这样就组成了一个单一固定循环,如图 3-25 所示。

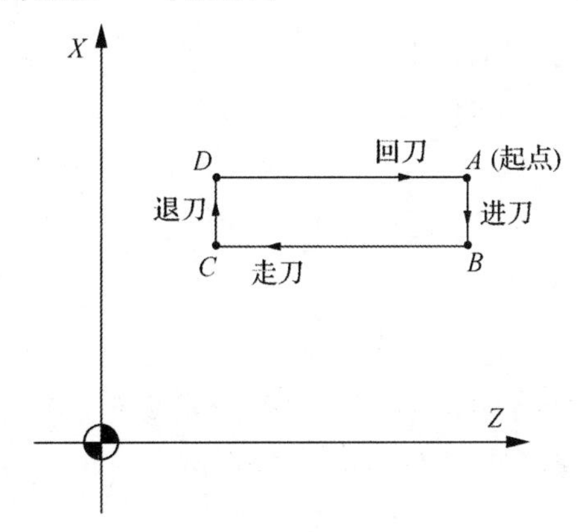

图 3-25　刀具运动轨迹

4. 外螺纹的计算

外螺纹的计算公式如下:

$$螺纹大径 = 公称直径 - 0.1P$$

$$螺纹小径 = 公称直径 - 1.3P$$

式中,P 为螺距。

5. 外螺纹的检验

螺纹量规有螺纹环规和螺纹塞规两种。螺纹环规用来测量外螺纹的综合尺寸精度,如图 3-26 所示,螺纹塞规用来测量内螺纹的综合尺寸精度。测量时,如果螺纹环规的通规能顺利拧入工件螺纹的有效长度范围,而止规不能拧入,就说明螺纹符合尺寸要求。

图 3-26　螺纹环规

6. 螺纹环规的使用方法及注意事项

① 所选螺纹环规型号必须与测量产品螺纹型号一致。

② 当螺纹环规"T"端与工件旋合时,产品螺牙需全部旋进。

③ 当螺纹环规"Z"端与工件旋合时,产品螺牙旋合量不得超过2圈。

④ 综合测量之前,应先对螺纹的直径、牙型和螺距进行检查并清洁。因螺纹环规是精密量具,使用时不要硬拧量规,更不能用扳手硬拧,以免严重磨损量规,降低测量精度。

7. 影响内螺纹尺寸精度的主要因素

① 螺纹刀片的几何角度。

② 螺纹刀片的正确安装(刀片朝下)。

③ 外螺纹刀杆的刚性(不要伸出太长)。

④ 螺纹底孔尺寸。

⑤ 外螺纹刀 X 轴方向的对刀精度。

8. 修改磨耗的经验值

① 当螺纹塞规"T"端一圈也旋不进时,磨耗值可以减小0.1 mm。

② 当螺纹塞规"T"端能旋进一两圈时,磨耗值可以减小0.05 mm。

③ 当螺纹塞规"T"端能旋进一半以上时,磨耗值不用修改。

任务实施

1. 确定数控车削加工工艺

(1) 分析图样

该零件属于套类零件,选用 ϕ30 mm×100 mm 的毛坯,加工的内容包括外圆柱面、外切槽和外螺纹。表面粗糙度要求 Ra 不大于3.2 μm。径向尺寸精度要求不高,为自由公差。加工无热处理和硬度要求。

(2) 确定装夹方案

以毛坯件轴线和右端大端面(设计基准)为定位基准。对左端采用三爪自定心卡盘

夹住 $\phi30$ mm 的外圆,外伸 75 mm。

(3) **准备量具**

根据本零件所需要测量的尺寸要素及精度要求,测量本零件时可选用的量具为游标卡尺、外径千分尺和 M30 ×1.5 的环规。

(4) **选择刀具及切削参数**

刀具及切削参数选择情况见表 3-5。

表 3-5　刀具及切削参数的选择

序号	工步内容	刀具号	刀具类型	主轴转速 /(r/min)	进给速度 /(mm/r)
1	粗加工外轮廓	T1	35°外圆刀	600	0.3
2	精加工外轮廓	T1	35°外圆刀	800	0.1
3	切槽	T2	4 mm 切槽刀	450	0.1
5	加工 M16 ×1.5 外螺纹	T3	外螺纹车刀	450	1.5
6	切断	T2	4 mm 切槽刀	450	手动

(5) **设定工件坐标系**

选取工件右端面的中心点为工件坐标系的原点。

2. 编程说明

① 计算出各基点的编程坐标值,采用径向直径编程方式。图 3-27 中点 *A* 至点 *J* 为外轮廓的精加工路径。根据零件图尺寸标出的外轮廓精加工刀位点代号 *A*、*B*、*C*、*D*、*E*、*F*、*G*、*H*、*I* 和 *J* 如表 3-6 所示。

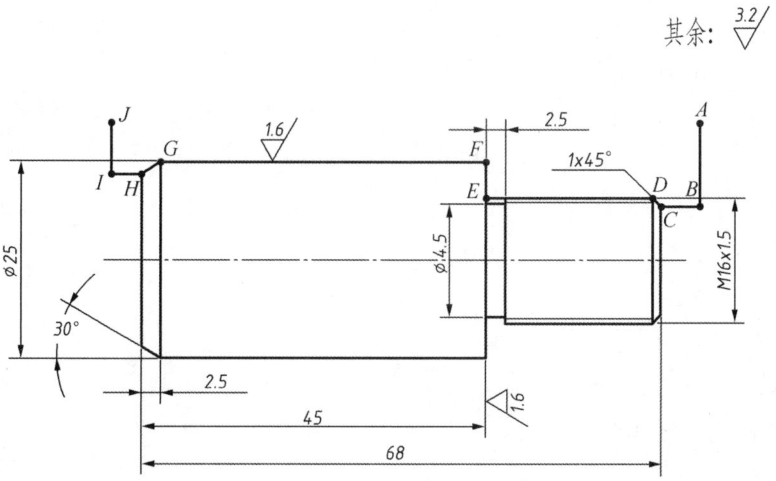

图 3-27　外轮廓的精加工路径

M16 ×1.5 螺纹尺寸计算：

螺纹大径：D = 公称直径 $-0.1P = (16-0.1\times1.5)\text{mm} = 15.85\ \text{mm}$。

螺纹小径：d = 公称直径 $-1.3P = (16-1.3\times1.5)\text{mm} = 14.05\ \text{mm}$。

表 3-6 外轮廓精加工刀位点

点位	坐标点
A	(35,5)
B	(13.85,5)
C	(13.85,0)
D	(15.85, -1)
E	(15.85, -23)
F	(25, -23)
G	(25, -67)
H	(22.11, -68)
I	(22.11, -72)
J	(35, -72)

② 编写加工程序。

```
O0001;
N1;                                    外轮廓粗加工
M03  S600.0  T0101;
G00  X35.0  Z5.0;
G71  U1.0  R0.5;
G71  P10  Q20  U0.3  W0.0  F0.3;
N10  G00  X13.85;
G01  Z0.0  F0.1;
X15.85  Z-1.0;
Z-23.0;
X25.0;
Z-67.0;
X22.11  Z-68.0;
Z-72.0;
N20  X35.0;
G28  U0.0  W0.0;
M05;
M00;
N2;                                    外轮廓精加工
```

```
M03  S800.0  T0101;
G00  X35.0  Z5.0;
G70  P10  Q20;
G28  U0.0  W0.0;
M05;
M00;
N3;                              切槽加工
M03  S450.0  T0202;
G00  X35.0  Z5.0;
Z-23.0;
G01  X14.5  F0.1;
G00  X35.0;
G28  U0.0  W0.0;
M05;
M00;
N4;                              外螺纹加工
M04  S450.0  T0303;
G00  X35.0  Z5.0;
G92  X15.05  Z-22.0  F1.5;
X14.55;
X14.25;
X14.15;
X14.1;
X14.05;
G28  U0  W0;
M05;
M30;
```

任务总结

本项目通过对旋入式模柄的加工，使读者学会较复杂轴类零件加工的工艺分析，合理地选择 G71、G70 复合循环指令对零件的外轮廓进行粗、精加工，掌握切槽、车螺纹等循环指令编程与加工的方法，合理安排加工步骤和选择切削用量等，从而进一步提高编程与加工操作水平。

本项目的学习重点是：熟练掌握利用 G71、G70 复合循环指令对零件的外轮廓进行粗、精加工的编程方法，掌握螺纹程序的编写方法。

▶▶ 任务拓展

单件加工如图 3-28 所示的零件。毛坯为 ϕ40 mm 的棒料,材料为铝材。

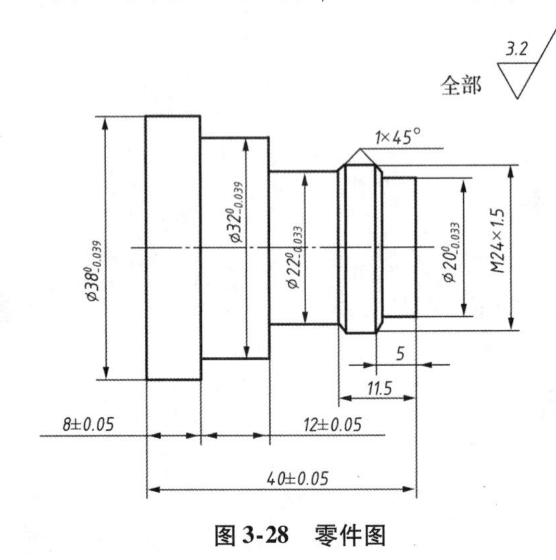

图 3-28 零件图

任务四 圆螺母的车削加工

▶▶ 任务引入

单件加工如图 3-29 所示的零件。毛坯为 ϕ50 mm 的棒料,材料为铝材。

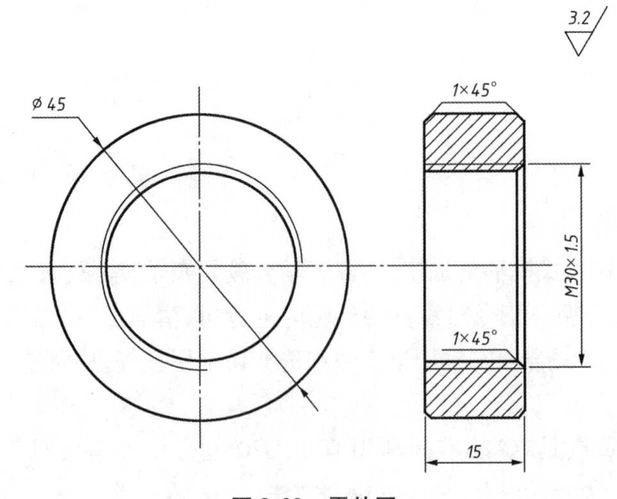

图 3-29 零件图

任务目标

- 了解孔加工的方法及刀具。
- 掌握加工内孔的程序编制及测量方法。
- 掌握内螺纹的程序编制及检验方法。

必备知识

在数控车床上加工工件时我们往往会遇到各种各样的孔。通过钻、铰、镗、扩等可以加工出不同精度的孔。孔加工的方法简单,加工精度也比普通车床高,因此,孔加工是数控车床上最常见的加工之一。

1. 孔的加工刀具

对于内孔加工,我们要先对零件进行钻孔后才可以使用内孔刀具进行加工。内孔刀具按其用途可分为以下两大类。

一类是钻头。它主要用于在实心材料上钻孔、扩孔。根据构造及用途不同,钻头又可分为麻花钻(图 3-30)、中心钻(图 3-31)、扁钻、深孔钻等。麻花钻是一种形状复杂的孔加工工具。它常用来钻削精度较低和表面较粗糙的孔。用高速钢钻头加工的孔精度可达 IT11 ~ IT13,表面粗糙度值可达 6.3 ~ 25 μm;用硬质合金钻头加工时,孔精度和表面粗糙度值分别可达 IT10 ~ IT11 和 3.2 ~ 12.5 μm。中心钻用于加工中心孔,共有三种形式:普通中心钻、无护锥 60°复合中心钻和带护锥 60°复合中心钻。为节约刀具材料,复合中心钻常被制成双头的,钻沟一般被制成直的。复合中心钻的工作部分由钻孔部分和锪孔部分组成。钻孔部分与麻花钻相同,有倒锥度及钻尖几何参数。锪孔部分被制成 60°锥度,保护锥被制成 120°锥度。

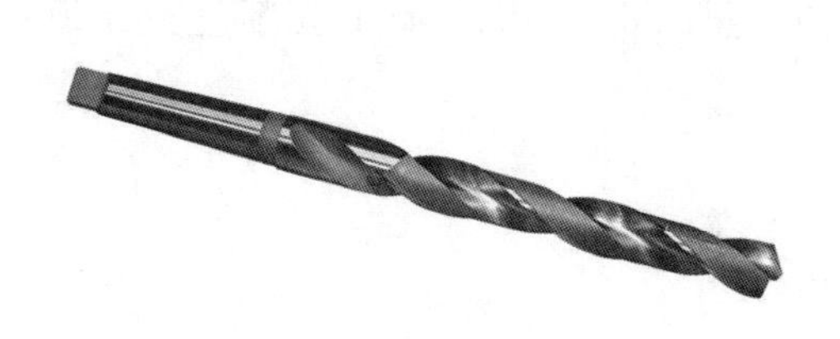

图 3-30 麻花钻

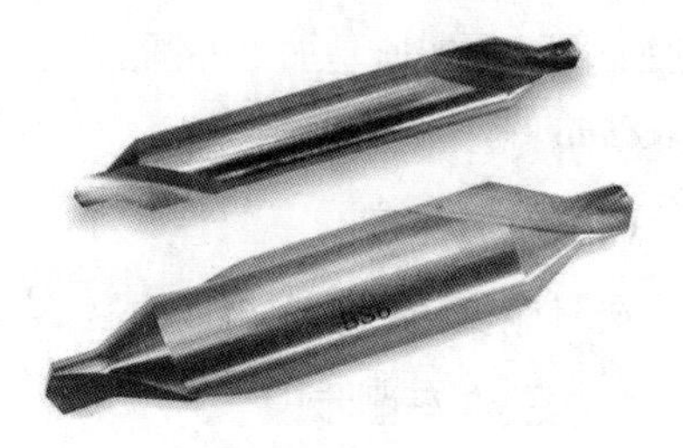

图 3-31 中心钻

另一类是对已有孔进行再加工的刀具,如扩孔钻、铰刀、内孔车刀。内孔车刀如图 3-32 所示。

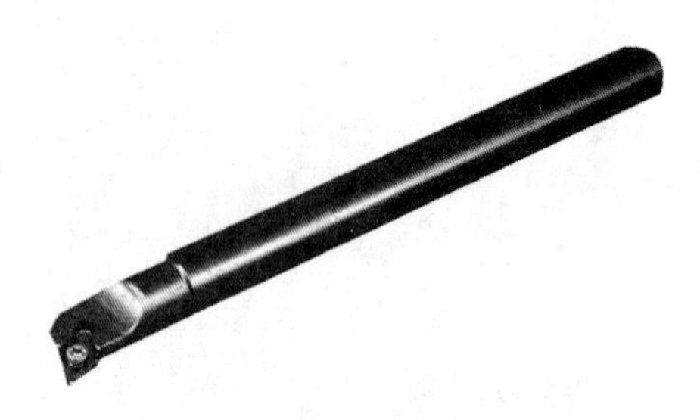

图 3-32　内孔车刀

2. 孔的加工方法

(1) 钻孔

要在实心材料上加工出孔,必须先用钻头钻出一个孔来。常用的钻孔刀具是麻花钻。麻花钻由切削部分、工作部分、颈部和钻柄等组成。钻柄有锥柄和直柄两种。一般钻头直径为 12 mm 以下的麻花钻用直柄,钻头直径为 12 mm 以上的麻花钻用锥柄。

用扩孔钻对已钻出的孔做扩大加工称为扩孔。在实心零件上钻孔时,如果孔径较大,钻头直径也较大。横刃加工时,轴向切削力增大,因此钻削会很费力。这时我们可以用扩孔钻对孔进行扩大加工。扩孔钻有高速钢扩孔钻和硬质合金扩孔钻两种。

(2) 镗孔

镗孔是常用的孔加工方法之一,可以用于粗加工,也可以用于精加工,加工范围很广,可以加工各种零件上不同尺寸的孔。铸孔、锻孔或用钻头钻出来的孔的内表面比较粗糙,需要用内孔刀即镗孔刀进行车削。镗孔的方法基本上与车外圆相似。常用镗孔刀有整体式和机夹式两种。

3. 加工内孔时切削用量的选择

(1) 加工孔

加工内孔时,因排屑困难和刀杆震动刚性低,切削速度比切削外圆的速度慢。一般情况下加工内孔的转速是加工外圆的转速的 0.8 倍,进给量为 0.1 ~ 0.3 mm/r,切削速度为 20 ~ 40 m/min。

(2) 吃刀深度

吃刀深度随孔的大小而改变。

4. 内孔件车削步骤

车削内孔的步骤和车削外圆的步骤有共同点。除此之外,我们还要注意以下几点:

① 对于短小套类零件,为保证外圆同心,最好采用“一刀落”的方法。

② 对于精度要求高的内孔,可采用钻孔—粗车孔—精车孔的加工步骤。

5. 车孔的关键技术

车孔是常用的孔加工方法之一,可用于粗加工,也可用于精加工。车孔的关键技术是解决内孔车刀的刚度问题和内孔车削过程中的排屑问题。

为了增加车削刚度，防止产生震动，我们要尽量选择粗的刀杆。装夹时刀杆伸出长度应尽可能短，只要略大于孔深即可。刀尖要对准工件中心，刀杆要与轴线平行。在精车内孔时，刀刃应保持锋利，否则容易产生让刀，将孔车成锥形。

6. 内孔车刀的安装

安装内孔车刀时应注意以下几个问题。

① 刀尖应与工件中心等高或较工件中心稍高。如果刀尖低于工件中心，由于切削抗力的作用，刀柄容易被压低而产生“扎刀”现象，从而造成孔径扩大。

② 刀柄伸出刀架的部分不宜过长，一般比被加工孔长 5 ~6 mm。

③ 刀柄基本平行于工件轴线，否则在车削到一定深度时刀柄后半部容易碰到工件孔口。

④ 进行盲孔车刀装夹时，内偏刀的主刀刃应与孔底平面成 3° ~5°，并且在车平面时横向要有足够的退刀余地。

7. 孔尺寸的测量

（1）利用内径千分尺测量

当孔的尺寸小于 25 mm 时，我们可用内径千分尺测量孔径。内径千分尺具有两个圆弧测量面，适用于测量内尺寸。内径千分尺的分度值为 0. 01 mm，测微螺杆螺距为 0. 5 mm，量程为 25 mm。

① 内径千分尺的结构。

内径千分尺的结构如图 3-33 所示。它由两个带外圆弧测量面的测量爪、导向套、固定套管、微分筒、测力装置和锁紧装置构成。

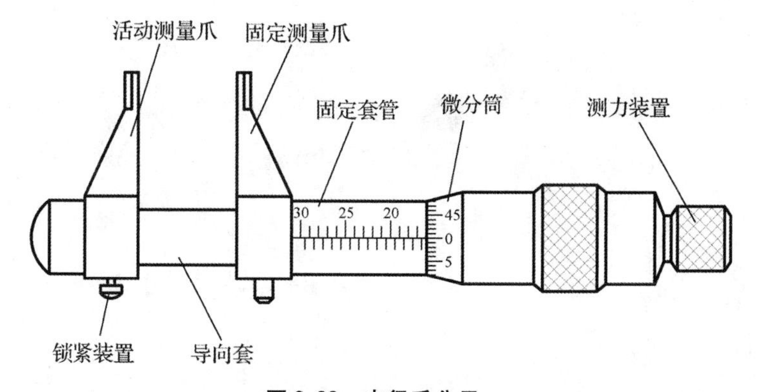

图 3-33 内径千分尺

内径千分尺的操作方法与外径千分尺的基本相同：转动微分筒，通过测微螺杆使活动测量爪沿着轴向移动，通过两个测量爪的测量面分开的距离进行测量。

内径千分尺使用起来方便，其测量准确度比游标卡尺高。

② 内径千分尺的读数和使用方法。

内径千分尺的读数方法与外径千分尺相同,但它的测量方向和读数方向与外径千分尺相反。

测量时,我们先将两个测量爪的测量面之间的距离调整到比被测内尺寸稍小,然后用左手扶住左边的固定测量爪并抵在被测表面上不动,用右手按顺时针方向慢慢转动测力装置,并轻微摆动,以便选择正确的测量位置,再进行读数。校对零位时,应使用检验合格的标准量规或量块,而不能用外径千分尺。

(2) 利用内径百分表测量

当用内径百分表测量零件时,我们应根据零件内孔直径,用外径千分尺将内径百分表对“零”后再进行测量。测量所得的最小值为孔的实际尺寸。内径百分表是用比较法测量内孔直径。它将量头的直线位移转换成指示表的角位移并由指示表读数。其结构如图3-34所示,外形如图3-35所示。

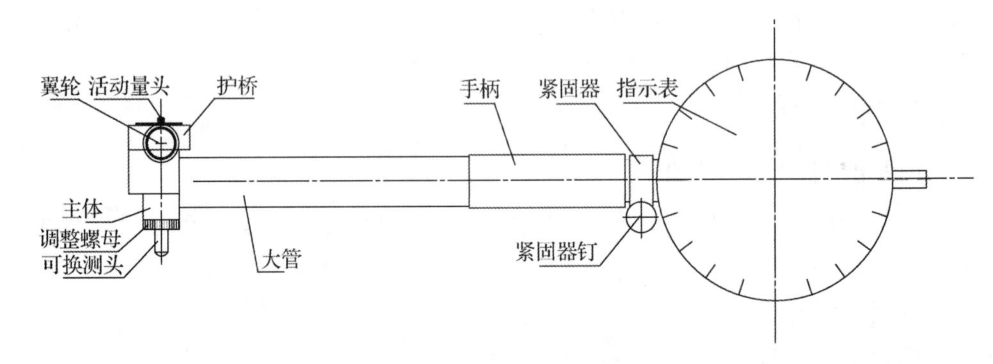

图3-34 内径百分表的结构

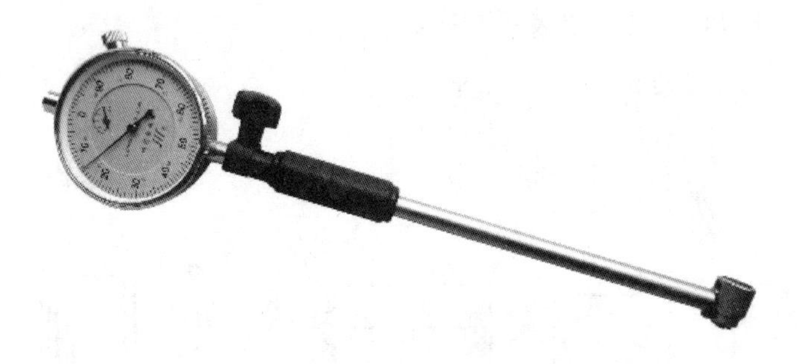

图3-35 内径百分表的外形

① 使用方法。

a. 指示表安装:把指示表插入表架轴孔中,压缩约1 mm后用螺钉紧固。

b. 尺寸设定:根据被测工件名义尺寸选择可换测头、接杆及调整垫片,将其固定在主体上。

c. 零位调整。

用环规调整零位:将内径百分表放入尺寸与被测工件名义尺寸相近的环规中,在环规的轴向平面内找出最小尺寸(即内径百分表的最大示值点),调整指示表的刻度盘使指针指示在零位。

用外径千分尺或量块组调整零位:先将外径千分尺或量块组调整到被测工件的名义尺寸,再将内径百分表放入千分尺或量块组中,寻找最小尺寸,调整指示表的刻度盘使指针指示在零位。

建议:将被测工件的名义尺寸设定在活动量头压缩约半个有效行程的位置;更换可换测头时应避免旋入过深而影响正常测量。

d. 测量时将内径百分表插入被测孔中,沿轴向前后摆动,找出轴向平面的最小尺寸(即内径百分表的最大指示值,此即孔的实际尺寸偏离名义尺寸的数值)。

e. 测量完后,给测量面和配合处涂上防锈油,并放入包装盒中。

② 注意事项。

a. 更换或拆装护桥及其两翼轮后需重新校验,以免影响定中心精度。

b. 轻拿轻放,避免导向装置、测量面与尖锐物碰击。

c. 避免可换测头旋入过深,影响正常测量。

8. 内螺纹的检验

螺纹塞规可用来测量内螺纹的综合尺寸精度,如图 3-36 所示。测量时,如果螺纹塞规的“T”端能顺利拧入工件螺纹的有效长度范围,而“Z”端不能拧入,就说明内螺纹符合尺寸要求。

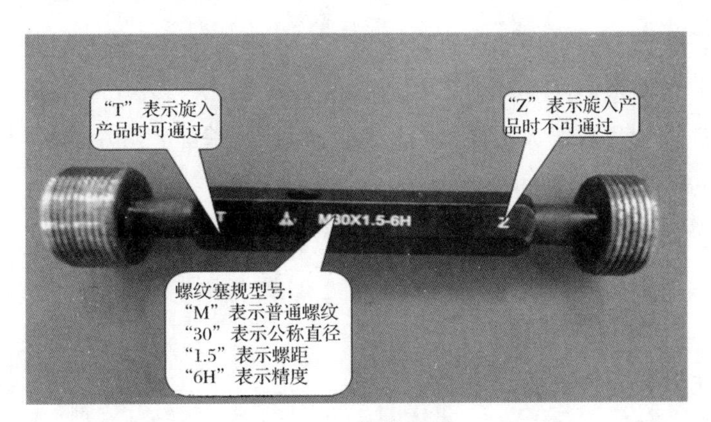

图 3-36　螺纹塞规

螺纹塞规的使用方法及注意事项:

① 所选螺纹塞规型号必须与测量产品螺纹型号一致。

② 螺纹塞规“T”端与工件旋合时,产品螺牙需全部旋进。

③ 螺纹塞规“Z”端与工件旋合时,产品螺牙旋合量不得超过 2 圈。

④ 综合测量之前,应先对螺纹的直径、牙型和螺距进行检查并清洁。因螺纹环规是精密量具,使用螺纹环规时不要硬拧量规,更不能用扳手硬拧,以免严重磨损量规,降低测量精度。

9. 影响内螺纹尺寸精度的主要因素

① 螺纹刀片的几何角度。

② 螺纹刀的正确安装(刀片朝下)。

③ 内螺纹刀杆的刚性(不要伸出太长)。

④ 螺纹底孔尺寸。

⑤ 内螺纹刀 *X* 轴方向的对刀精度。

10. 修改磨耗的经验值

① 当螺纹塞规“T”端一圈也旋不进时,磨耗值可以加大 0.1 mm。

② 当螺纹塞规“T”端能旋进一两圈时,磨耗值可以加大 0.05 mm。

③ 当螺纹塞规“T”端能旋进一半以上时,磨耗值不用修改。

任务实施

1. 确定数控车削加工工艺

(1) 分析图样

该零件属于套类零件,选用 ϕ50 mm 的毛坯。加工的内容包括内、外圆柱面内螺纹。表面粗糙度要求 *Ra* 不大于 3.2 μm。径向尺寸精度要求不高,为自由公差。加工无热处理和硬度要求。

(2) 确定装夹方案

确定毛坯件轴线和右端大端面(设计基准)为定位基准。对左端采用三爪自定心卡盘夹住 ϕ50 mm 的外圆,外伸 30 mm。

(3) 准备量具

根据本零件所需要测量的尺寸要素及精度要求,测量本零件时可选用的量具为游标卡尺、外径千分尺和内径千分尺。

(4) 选择刀具及切削参数

刀具及切削参数选择情况见表 3-7。

表 3-7 刀具及切削参数的选择

序号	工步内容	刀具号	刀具类型	主轴转速 /(r/min)	进给速度 /(mm/r)
1	粗加工外轮廓	T1	35°外圆刀	600	0.3
2	精加工外轮廓	T1	35°外圆刀	800	0.1
3	粗加工内轮廓	T4	内孔车刀	600	0.3
4	精加工内轮廓	T4	内孔车刀	800	0.1
5	加工 M30×1.5 内螺纹	T5	内螺纹车刀	450	1.5
6	切断	T2	4 mm 切槽刀	450	手动

(5) 设定工件坐标系

选取工件右端面的中心点为工件坐标系的原点。

2. 编程说明

① 计算出各基点的编程坐标值,采用径向直径编程方式。在图 3-37 中,点 A 至点 H 为外轮廓的精加工路径,点 I 至点 N 为内轮廓的精加工路径。根据零件图尺寸标的内、外轮廓精加工刀位点代号 A、B、C、D、E、F、G、H、I、J、K、L、M 和 N 如表 3-8 所示。

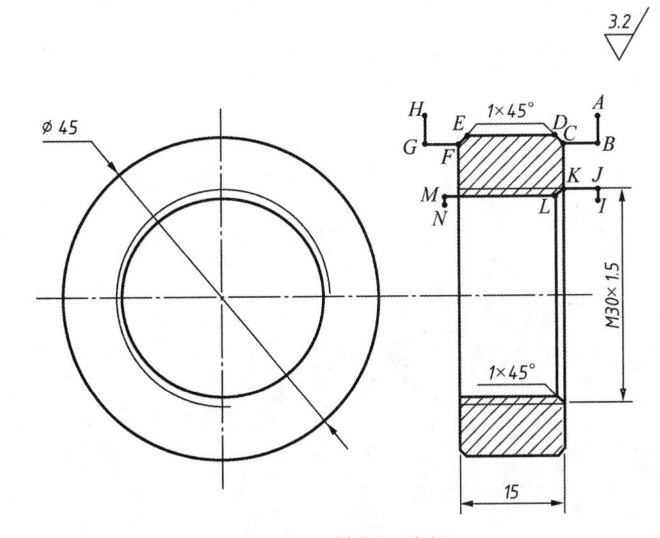

图 3-37　精加工路径

M30 ×1.5 内螺纹尺寸计算:

螺纹大径:D = 公称直径 = 30 mm

螺纹小径:d = 公称直径 − 1.2P = (30 − 1.2 × 1.5) mm = 28.2 mm

表 3-8　内、外轮廓精加工刀位点

点位	坐标点
A	(55,5)
B	(43,5)
C	(43,0)
D	(45, −1)
E	(45, −14)
F	(43, −15)
G	(43, −19)
H	(55, −19)
I	(26,5)

续表

点位	坐标点
J	(30.2,5)
K	(30.2,0)
L	(28.2,-1)
M	(28.2,-17)
N	(26,-17)

② 编写加工程序。

```
O0001;
N1;                                外轮廓粗加工
M03  S600.0  T0101;
G00  X55.0  Z5.0;
G71  U1.0  R0.5;
G71  P10  Q20  U0.3  W0.0  F0.3;
N10  G00  X43.0;
G01  X43.0  F0.1;
Z0;
X45.0  Z-1.0;
Z-14.0;
X43.0  Z-15.0;
Z-19.0;
N20  X55.0;
G28  U0.0  W0.0;
M05;
M00;
N2;                                外轮廓精加工
M03  S800.0  T0101;
G00  X55.0  Z5.0;
G70  P10  Q20;
G28  U0.0  W0.0;
M05;
M00;
N3;                                内轮廓粗加工
M03  S600.0  T0404;
```

```
G00  X26.0  Z5.0;
G71  U1.0  R0.5;
G71  P30  Q40  U-0.3  W0.0  F0.3;
N30  G00  X30.2;
G01  Z0.0  F0.1;
Z-18.0;
N40  X26.0;
G28  U0.0  W0.0;
M05;
M00;
N4;                                  内轮廓精加工
M03  S800  T0404;
G00  X26.0  Z5.0;
G70  P30  Q40;
G28  U0.0  W0.0;
M05;
M00;
N5;                                  内螺纹加工
M04  S450.0  T0505;
G00  X26.0  Z5.0;
G92  X29.0  Z-17.0  F1.5;
X29.5;
X29.8;
X29.9;
X29.95;
X30.0;
X30.0;
G28  U0.0  W0.0;
M05;
M30;
```

▶▶ 任务总结

本项目通过对圆螺母的车削加工，使读者学会较复杂套类零件加工的工艺分析，合理地选择 G71、G70 复合循环指令对零件的内、外轮廓进行粗、精加工，掌握内螺纹的编程与测量方法，合理安排加工步骤和选择切削用量等，掌握内径千分尺和内径百分表的使用方法，从而进一步提高编程与加工操作水平。

本项目的学习重点是:运用 G71、G70 复合循环指令对零件的内轮廓进行粗、精加工,运用 G92 循环指令对内螺纹进行加工。掌握内径千分尺、内径百分表、螺纹环规和螺纹塞规的使用方法。

▶▶ 任务拓展

单件加工如图 3-38 所示的零件。毛坯为 $\phi 50$ mm 的棒料,材料为铝材。

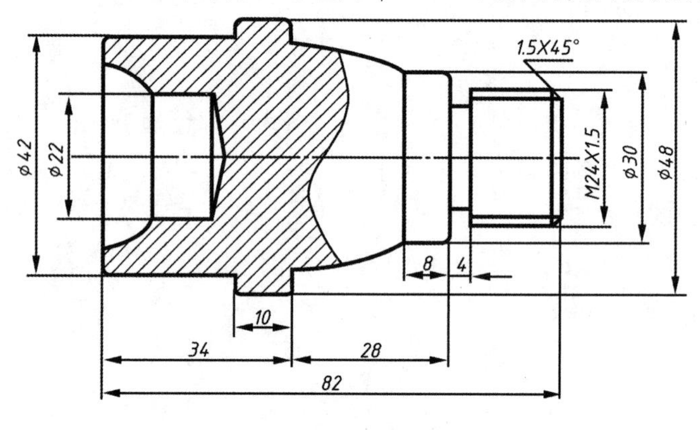

图 3-38 零件图

任务五 椭圆外形零件的加工

▶▶ 任务引入

在数控车床上加工如图 3-39 所示的椭圆外形零件。材料为 45 号钢,毛坯为 $\phi 50$ mm ×85 mm 的圆棒料。

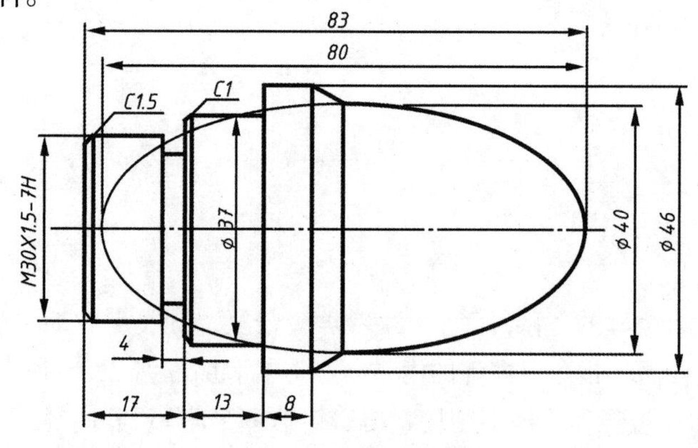

图 3-39 椭圆外形零件

任务目标

- 根据零件图正确地编制椭圆的加工程序,掌握基本的尺寸计算方法。
- 熟练掌握毛坯切削循环的使用条件和编程方法。

必备知识

1. 工艺分析

(1) 装夹方案

使用自定心卡盘夹持零件的毛坯外圆,并确定零件的伸出长度是否合适(应将机床的限位考虑进去)。由于零件需要加工两端,因此需要考虑两次装夹的位置。考虑到右端 ϕ37 mm 的外圆可以用来装夹,因此先加工左端外轮廓并加工螺纹,然后再掉头,校正工件后加工右端外轮廓。

(2) 位置点

① 换刀点:将零件原点设置在零件右端面。为了防止换刀时刀具与零件或尾架相碰,换刀点可设置在(X100,Z100)。

② 起刀点:为了减少循环加工的次数,循环的起点可以设置在(X52,Z2)。

(3) 确定加工工艺路线

① 粗、精车加工工件左端外轮廓。

② 车削外螺纹。

③ 粗、精车加工件的右端外轮廓。

2. 刀具与切削用量选择

该零件的刀具与切削用量如表 3-9 所示。

表 3-9　零件的刀具与切削用量

刀具号	刀具名称	背吃刀量 /mm	转速 /(r/min)	进给速度 /(mm/min)
T0101	外圆车刀(粗)	2	800	200
T0202	外圆车刀(精)	0.5	1200	100
T0303	切槽刀	4	600	60
T0404	外螺纹刀	0.4	500	导程

3. 宏程序指令学习

在数控车床上加工椭圆外形涉及宏程序编程。

(1) 变量的类型和功能(以 FANUC 系统为例)

变量类型和功能如表 3-10 所示。

表 3-10　变量类型和功能

变量号	变量类型	功能
#0	空	该变量值总为空
#1 ~ #33	局部变量	只能在一个宏程序中使用
#100 ~ #149(#199) #500 ~ #531(#999)	公共变量	在各宏程序中可以公用
#1000	系统变量	固定用途的变量

(2) 宏程序中的变量

① 变量的表示。

#i:变量号,i = 0,1,2,3,…。例如,#8、#10。

#[表达式]:表达式必须用括号括起来。例如:#[#1 + #2 - 12]。

② 变量的引用。

编程格式:

<地址>#1

<地址> - #1

例如:F#10,当#10 = 20 时,F20 被指令。X - #20,当#20 = 100 时,X - 100 被指令;G#130,当#130 = 2 时,G2 被指令。

③ 变量间的运算。

a. 数学运算功能。

编程格式:

加法: #i = #j + #k

减法: #i = #j - #k

乘法: #i = #j * #k

除法: #i = #j /#k

正弦:#i = SIN[#j](单位:度)

余弦:#i = COS[#j](单位:度)

正切:#i = TAN[#j](单位:度)

反正切:#i = ATAN[#j]/[#k](单位:度)

平方根:#i = SQRT[#j]

绝对值:#i = ABS[#j]

取整:#i = ROUND[#j]

b. 逻辑判断功能。

编程格式:

```
等于: #j EQ #k
不等于: #j NE #k
大于: #j GT #k
小于: #j LT #k
大于等于: #j GE #k
小于等于: #j LE #k
```

(3) 宏程序的控制语句

① 无条件转移(GOTO 语句)。

编程格式:

```
GOTO  n;
```

式中,n 为顺序号(1 ~9999),可用变量表示。

② 条件转移。

条件转移语句 1 如下:

```
IF [条件表达式] GOTO  n;
```

当条件满足时,程序就跳转到同一程序中语句标号为 n 的语句上继续执行。当条件不满足时,程序执行下一条语句。

条件转移语句 2 如下:

```
WHILE [条件表达式] DO  m;
…
…
END  m
```

当条件满足时,“DO　m”和“END　m”之间的程序就重复执行;当条件不满足时,程序就执行“END　m”的下一条语句。

4. 加工程序

加工程序如下:

```
O4201;                                  工件左端外圆及螺纹程序
N10  G98  G40  G00  X100.0              程序初始化,换 1 号刀导入 1 号刀补
Z100.0  T0101;
N20  M03  S800.0;                       主轴正转,转速为 800.0 r/min
N30  G00  X52.0  Z2.0;                  刀具快速移动到起刀点(循环起点)
N40  G71  U2.0  R1.0;                   粗车复合固定循环,背吃刀量为2.0 mm,
                                        退刀量为 1.0 mm
```

程序	说明
N50 G71 P70 Q150 U0.5 W0.5 F200.0;	指定循环所属的首末程序段 N70—N150,X 轴方向的精加工余量为 0.5 mm,Z 轴方向的精加工余量为 0.5 mm,进给速度为 200.0 mm/min
N60 G42 G00 X27.0 Z2.0;	精加工轮廓起始点
N70 G01 Z0.0 F100.0;	
N80 G01 X29.8 Z-1.5;	
N90 Z-17.0;	
N100 X35.0;	
N110 X37.0 Z-18.0;	
N120 Z-30.0;	
N130 X48.0;	
N140 Z-34.0;	
N150 G40 G01 X52.0 Z-52.0;	精加工最后一个程序段
N160 G00 X100.0 Z100.0;	快速退回换刀点
N170 M05;	主轴停止
N180 M00;	
N190 S1200.0 M03;	
N200 T0202;	换 2 号精加工刀
N210 G00 X52.0 Z2.0;	快速定位
N220 G70 P70 Q150;	调用精车循环
N230 G00 X100.0 Z100.0;	回到换刀点
N240 M05;	
N250 M00;	
N260 T0303;	换 3 号切槽刀
N270 G00 X31.0;	快速定位
N280 Z-16.0;	快速移动至切槽的起始点
N290 G01 X25.0 F60.0;	切槽
N300 X35.0;	
N310 G00 X100.0;	回到换刀点
N320 Z100.0;	
N330 M05;	
N340 T0404;	调用 4 号螺纹刀
N350 S500.0 M03;	
N360 G00 X35.0 Z3.0;	
N370 G92 X29.2 Z-15.0 F1.5;	第一次车螺纹

```
N380  X28.6;                        第二次车螺纹
N390  X28.2;                        第三次车螺纹
N400  X28.04;                       第四次车螺纹
N410  X28.04;
N420  G00 X100.0;
N430  Z100.0;
N440  M05;
N450  M30;
04802;                              工件右端
N10  G98  G40  G00  X100.0  Z100.0;
N20  M03  S800.0;
N30  T0101;
N40  G00  X52.0  Z2.0;              刀具移动到复合固定循环点
N50  G71  U2.0  R1.0;               粗车复合固定循环,背吃刀量为2.0 mm,
                                    退刀量为 1.0 mm
N60  G71  P70  Q180  U0.5           指定循环所属的首末程序段 N70—
W0.5  F200.0;                       N150,X 轴方向的精加工余量为
                                    0.5 mm,Z 轴方向的精加工余量为
                                    0.5 mm,进给速度为 200.0 mm/min.
N70  G00  G42  X0.0  Z2.0;
N80  G01  Z0.0  F100.0;
N90  #101 =40;                      定义变量#101 为 Z 轴坐标,并赋予
                                    初值
N100  #102 = SQRT                   定义变量#102 为 X 轴坐标
[40 * 40 - #101 * #101] * 20/40;
N110  #103 = #101 - 40;             调整 Z 轴坐标
N120  #104 = #102 * 2;              X 轴坐标应该是直径值
N130  G01 X#104  Z#103;             调整坐标,用 G01 直线插补拟合椭圆
N140  #101 = #101 - 0.1;            设置 Z 轴方向步进量
N150  IF [#101 GE 0]GOTO 100;       当 Z 轴坐标≥0 时,跳至N100 执行循环
N160  G01  X40.0  Z -40.0;
N170  X48.0  Z -45.0;
N180  Z -50.0;                      精加工程序结束
N190  G00  X100.0  Z100.0;
N200  M05;
N210  M00;
```

```
N220  T0202;                          换2号刀
N230  G00  X52.0  Z2.0;               刀具移动到复合固定循环点
N240  G70  P70  Q180;                 切槽
N250  G00  X100.0  Z100.0;            切出工件
N260  M05;
N270  M30;
```

▶▶ 任务拓展

编制图 3-40 所示抛物线 $Z=\frac{X^2}{8}$在区间[0,16]内的程序。

程序如下:

```
O8002
#10 =0;                  X 轴坐标
#11 =0;                  Z 轴坐标
N10  G92  X0.0  Z0.0;
M03  S600.0;
WHILE  #10  LE  16;
G90  G01  X[#10]  Z[#11]  F500;
#10 =#10 +0.08;
#11 =#10 * #10 / 8;
ENDW;
G00  Z0.0  M05;
G00  X0.0;
```

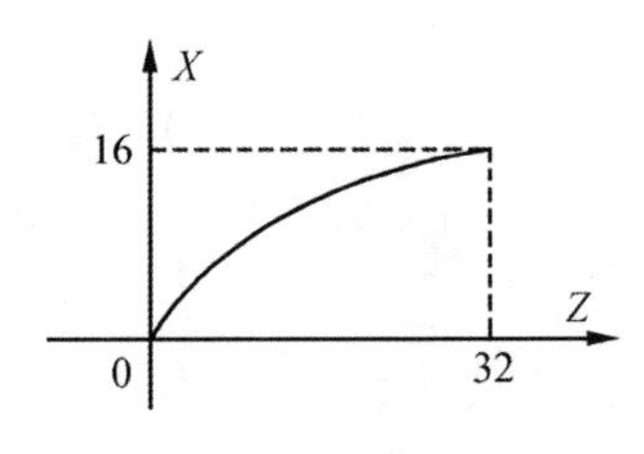

图 3-40　抛物线

项目四　数控铣削工艺

任务一　加工方法及方式的选择

▶▶ 任务引入

确定数控铣削的加工方法，选择合适的铣削方式。

▶▶ 任务目标

掌握数控铣削的常用加工方法。

▶▶ 必备知识

1. 确定加工方法

使用数控铣削加工时应重点考虑如下几个方面：能保证零件的加工精度和满足表面粗糙度要求；使加工路线最短，既可简化编程程序段，又可减少刀具空行程时间，从而提高加工效率；应使节点数值计算简单，程序段数量少，以减少编程工作量。

下面是几种常见零件表面的加工方案。

(1) 平面类零件的加工

一般平面类零件可在两坐标联动的铣床上加工。图 4-1 所示为铣削平面轮廓的实例，选用的铣刀半径为 R，双点画线 $A'B'C'D'E'A'$ 为刀具中心的运动轨迹。为保证加工面光滑，刀具沿 PA' 切入，沿 $A'K$ 切出。

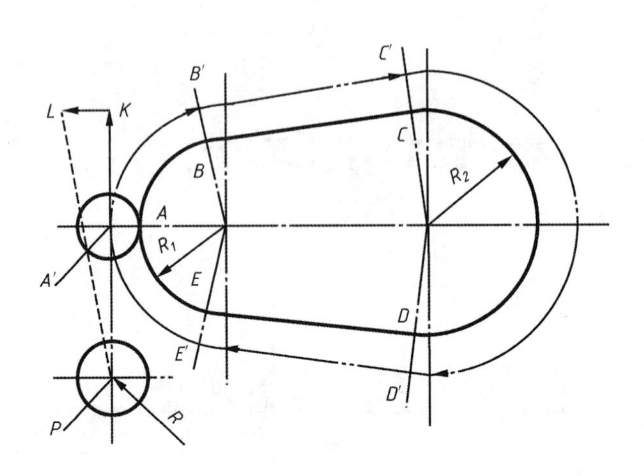

图 4-1 平面轮廓铣削

(2) 固定斜角平面的加工

① 当零件尺寸不大时,我们可用斜垫板垫平后再加工零件。如果机床主轴可以摆角,可以将之摆成适当的定角,然后用不同的刀具来加工零件。当零件尺寸很大,斜面斜度又较小时,常用行切法加工零件,但加工后,由于加工面上会有残留面积,因此需要用钳修方法清除残留面积。用三轴数控立式铣床加工飞机整体壁板零件时常用这种方法。当然,加工斜面的最佳方法是采用五轴数控铣床,并将主轴摆动一定角度。这样可以不留残留面积。

② 加工正圆台和斜筋表面一般可用专用的角度成型铣刀。其效果比采用五轴数控铣床摆角加工好。

(3) 变斜角面的加工

① 对曲率变化较小的变斜角面,我们通常用四轴联动的数控铣床,采用立铣刀(但当零件斜角过大,超过机床主轴摆角范围时,可用角度成型铣刀加以弥补)以插补方式摆角加工,如图 4-2(a)所示。

② 对曲率变化较大的变斜角面,用四轴联动加工难以满足加工要求。最好的方法是用五轴联动数控铣床,以圆弧插补方式摆角加工,如图 4-2(b)所示。

③ 采用三轴数控铣床两坐标联动,利用球头铣刀和鼓形铣刀,以直线或圆弧插补方式对变斜角面进行分层铣削加工后,应用钳修方法清除残留面积,如图 4-3 所示。

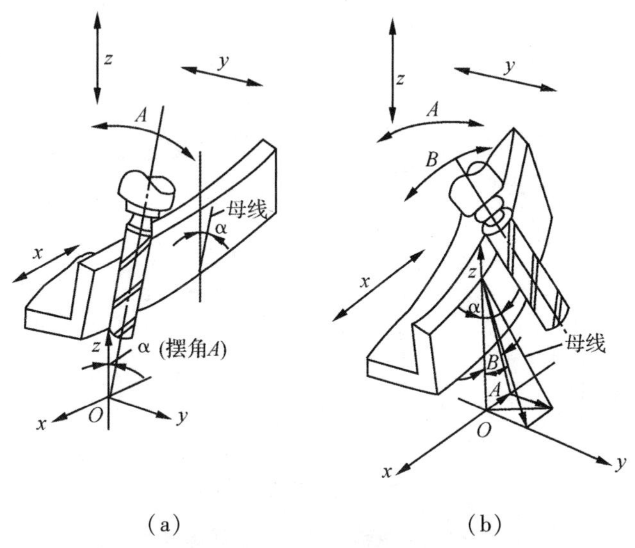

(a)　　　　(b)

图 4-2　用四、五轴数控铣床加工零件变斜角面

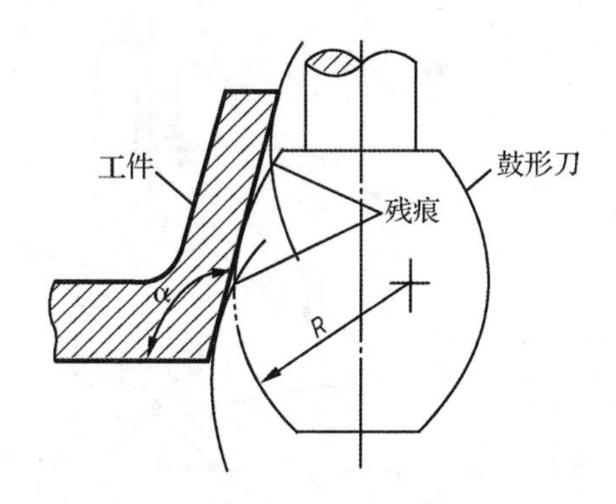

图 4-3　用三轴数控铣床加工零件变斜角面

(4) 曲面轮廓的加工方法

加工立体曲面时,应根据曲面形状、刀具形状及精度要求采用不同的铣削加工方法,如两轴半、三轴、四轴及五轴等联动加工。

① 对曲率变化不大和精度要求不高的曲面粗加工,常采用两轴半“行切法”加工,即 *X*、*Y*、*Z* 三轴中任意两轴做联动插补,第三轴做单独的周期进给。图 4-4 所示为用两轴半“行切法”加工曲面。采用“行切法”加工时,刀具与零件轮廓的切点轨迹是一行一行的,行间距按零件加工精度要求确定。

② 对曲率变化较大和精度要求较高的曲面精加工,常用 *X*、*Y*、*Z* 三轴联动插补“行切法”加工。图 4-5 为用三轴联动“行切法”加工曲面的切削点轨迹。

③ 对叶轮、螺旋桨这样的复杂零件,因其叶片形状复杂,刀具容易与相邻表面干涉,常用 *X*、*Y*、*Z*、*A* 和 *B* 五轴联动数控铣床加工。

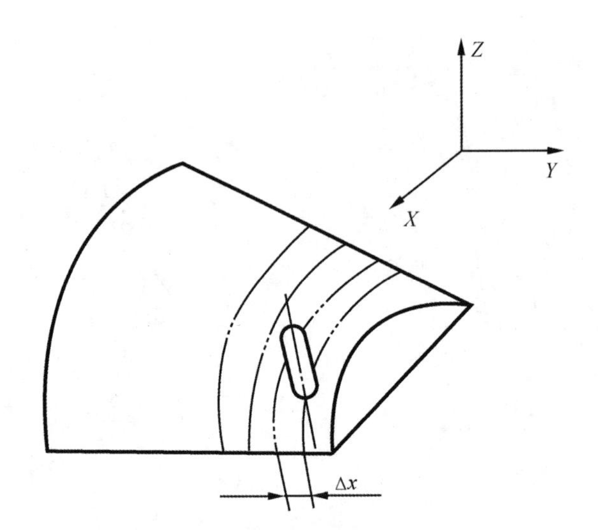

图 4-4 用两轴半"行切法"加工曲面

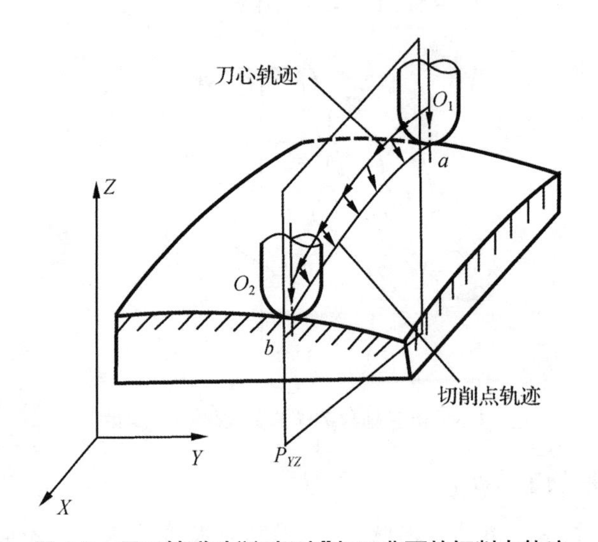

图 4-5 用三轴联动"行切法"加工曲面的切削点轨迹

2. 确定铣削加工方式

铣削加工方式主要有周铣法和端铣法两种。

(1) 周铣法

周铣法一般用于用圆柱铣刀加工平面,有逆铣和顺铣两种方式。

① 逆铣,如图 4-6(a)所示,在铣刀与工件已加工面的切点处,铣刀旋转切削刃的运动方向与工件进给方向相反。

② 顺铣,如图 4-6(b)所示,在铣刀与工件已加工面的切点处,铣刀旋转切削刃的运动方向与工件进给方向相同。

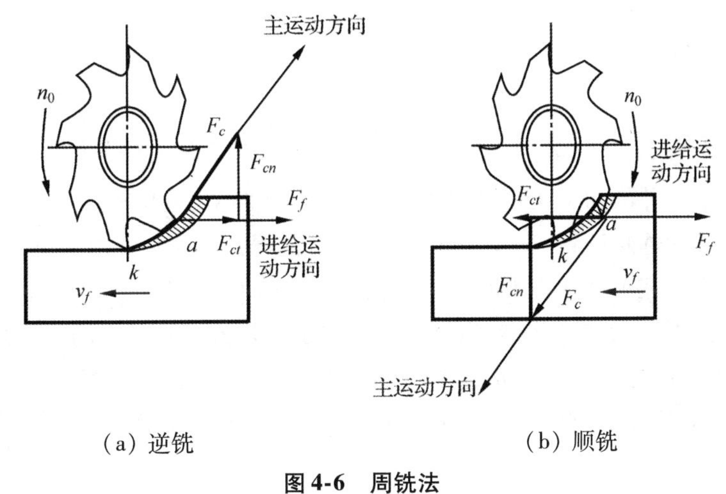

（a）逆铣　　　　（b）顺铣

图 4-6　周铣法

（2）端铣法

端铣法一般用于用端铣刀加工平面，根据端铣刀对工件的相对位置对称与否，分为对称铣削和不对称铣削，如图 4-7 所示。

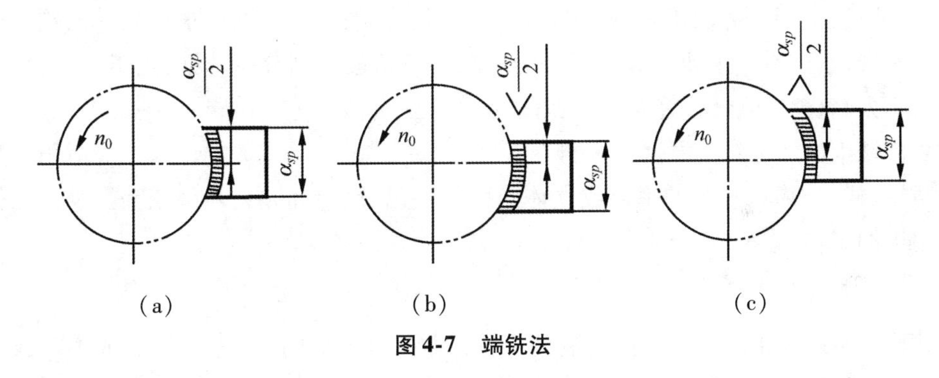

（a）　　　　（b）　　　　（c）

图 4-7　端铣法

任务二　工序的划分

▶▶ 任务引入

了解数控铣削加工工序划分的原则。

▶▶ 任务目标

掌握数控铣削加工工序的选择方法。

▶▶ 必备知识

1. 划分加工阶段

当数控铣削零件的加工质量要求较高时,我们往往不可能用一道工序来满足要求,而要用几道工序才能逐步达到所要求的加工质量。为保证加工质量和合理地使用设备,零件的加工过程通常按工序性质不同,分为粗加工、半精加工、精加工和光整加工四个阶段。

① 粗加工阶段。主要任务是切除各表面上的大部分余量,其目的是提高生产效率。

② 半精加工阶段。主要任务是使主要表面达到一定的精度,留有一定的精加工余量,为主要表面的精加工(精铣或精磨)做好准备,并完成一些次要表面加工,如扩孔、攻螺纹、铣键槽等。

③ 精加工阶段。主要任务是保证各主要表面达到图纸规定的尺寸精度和表面粗糙度要求,目标是保证加工质量。

④ 光整加工阶段。主要任务是对零件上精度和表面粗糙度要求很高的表面进行光整加工,目的是提高尺寸精度,减小表面粗糙度。

加工阶段的划分方法不是绝对的,必须根据工件的加工精度要求和工件的刚性来决定。一般来说,工件精度要求越高、刚性越差,加工阶段的划分应越细;当工件批量小、精度要求不太高、工件刚性较好时,加工阶段也可以不分或少分。

数控铣削的加工对象根据机床的不同也是不一样的。立式数控铣床一般适用于加工平面凸轮、样板、形状复杂的平面或立体曲面零件以及模具的内、外型腔等。卧式数控铣床适用于加工箱体、泵体、壳体等零件。

2. 确定加工顺序

数控铣削的加工顺序将直接影响到零件的加工质量、生产效率和加工成本。我们应根据零件的结构和毛坯状况,结合定位及夹紧的需要综合考虑加工顺序,保证工件的刚度不被破坏,尽量减少变形。加工顺序的安排应遵循下列原则:

① 基面先行原则。先加工用作精基准的表面,因为定位基准的表面越精确,装夹误差越小。

② 先粗后精原则。先安排粗加工,中间安排半精加工,最后安排精加工,逐步提高加工表面的加工精度,减小加工表面粗糙度。

③ 先主后次原则。先安排零件的装配基面和工作表面等主要表面的加工,后安排如键槽、紧固用的光孔和螺纹孔等次要表面的加工。

④ 先面后孔原则。对于箱体、支架类零件,因平面轮廓尺寸较大,要先加工用作定位的平面和孔的端面,然后加工孔。

⑤ 先内后外原则:先进行内型腔加工,后进行外形加工。

3. 划分加工工序

工序划分有工序集中和工序分散两种原则。工序集中是使每道工序包括尽可能多的加工内容,工序数减少。工序分散是将加工内容分散在较多工序内完成。在数控铣床上加工零件时,工序比较集中,一般只需一次装夹即可完成全部加工内容。为了延长数控铣床的使用寿命,保持数控铣床的精度,降低零件的加工成本,零件的粗加工,特别是零件的基准面、定位面加工通常被安排在普通机床上进行。单件小批生产通常采用工序集中原则;成批生产可按工序集中原则划分工序,也可按工序分散原则划分工序,应视具体情况而定。加工结构尺寸和重量都很大的重型零件,应采用工序集中原则,以减少装夹次数和运输量。加工刚性差、精度高的零件,应按工序分散原则划分工序。在数控铣床上加工零件时,一般工序的划分方法有以下几种:

① 刀具集中分序法。这种方法就是按所用刀具来划分工序,即用同一把刀具加工完成所有可以加工的部位,然后再换刀。这种方法可减少不必要的定位误差。

② 粗、精加工分序法。这种方法就是根据零件的形状、尺寸精度等因素,按粗、精加工分开的原则,先粗加工,再半精加工,最后精加工。

③ 加工部位分序法。加工部位分序法即先加工平面、定位面,再加工孔;先加工简单的几何形状,再加工复杂的几何形状;先加工精度比较低的部位,再加工精度比较高的部位。

④ 安装次数分序法。安装次数分序法以一次装夹完成的那一部分工艺过程作为一道工序。这种划分方法适用于工件的加工内容不多,加工完成后就能达到待检状态的情况。

任务三 加工路线的选择

▶▶ 任务引入

学会选择数控铣削加工切入、切出点和加工路线。

▶▶ 任务目标

掌握合理选择数控铣削加工路线的方法。

▶▶ 必备知识

1. 切入、切出点及路径的确定

(1) 切入点的选择

在进刀过程中,刀具与工件由非接触状态变为接触状态时,瞬间存在较大冲击。为使刀具不受损坏,合理选择切入点非常关键。一般来说,对粗加工而言,曲面内的最高角点可作为曲面的切入点,因为该点的切削余量较小,进刀时刀具不易被损坏;对精加工而言,曲面内某个曲率比较平缓的角点可作为曲面的切入点,因为在该点,刀具所受的弯矩较小,刀具不易被折断。

(2) 切出点的选择

选择切出点时主要考虑曲面能连续完整地加工及曲面与曲面加工间的非切削加工时间尽可能短,换刀方便,以提高机床的有效工作时间。当被加工曲面为开放型曲面时,曲面的两个角点可作为切出点;当被加工曲面为封闭型曲面时,曲面的一个角点可作为切出点。

2. 进刀路线及退刀路线的确定

确定数控铣削加工路线应遵循如下原则:保证零件的加工精度和表面粗糙度;使加工路线最短,减少刀具空行程时间,提高加工效率;使节点数值计算简单,程序段数量少,以减少编程工作量;一次走刀完成最终轮廓。

(1) 铣削平面类零件的加工路线

铣削平面类零件外轮廓一般采用立铣刀侧刃。为减少接刀痕迹,保证零件表面质量,刀具的切入和切出程序需要精心设计。

① 铣削外轮廓的加工路线。

铣削平面零件外轮廓的刀具切入工件时,如图 4-8 所示,应避免沿零件外轮廓的法向切入,而应沿切削起始点的延长线切向逐渐切入,以保证零件曲线的平滑过渡,避免加工表面产生划痕。切离工件时,也应避免在切削终点处直接抬刀,要沿着切削终点延伸线逐渐切离工件。

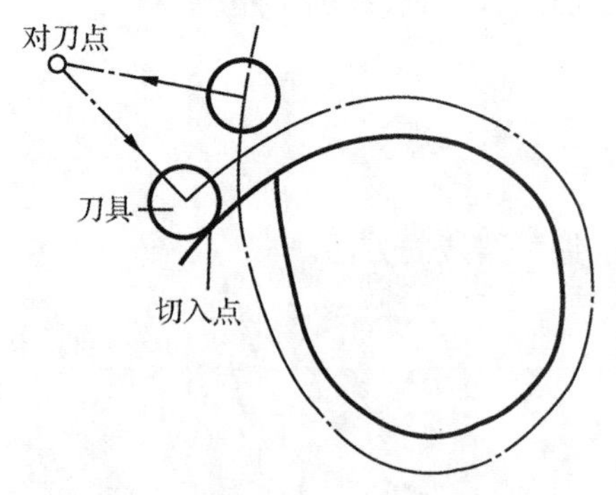

图 4-8 外轮廓加工刀具的切入和切出

当用圆弧插补方式铣削外整圆时，如图 4-9 所示，刀具要从切向进入圆周铣削加工。当加工完整圆后，不要在切入点 2 处直接退刀，而应沿切线方向多运动一段距离，以免取消刀补时，与工件表面相碰，造成工件报废。

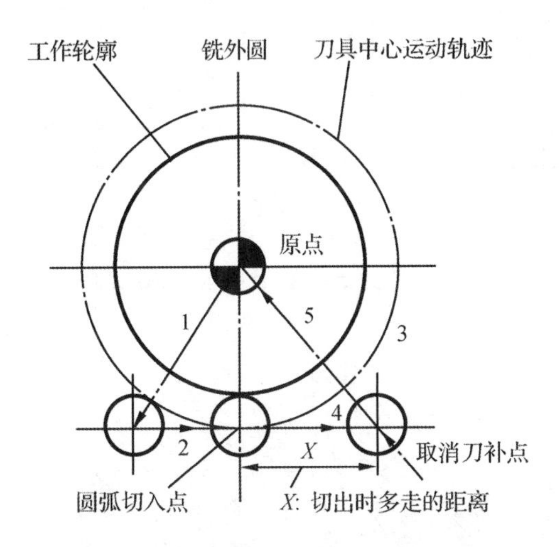

图 4-9 外轮廓加工刀具的切入和切出

② 铣削内轮廓的加工路线。

铣削封闭的内轮廓表面时，若内轮廓曲线允许外延，则刀具应沿切线方向切入、切出。若内轮廓曲线不允许外延，如图 4-10 所示，则刀具只能沿内轮廓曲线的法向切入、切出，并且其切入、切出点应在零件轮廓两个几何元素的交点处。当内部几何元素相切无交点时，为防止刀补取消时刀具在轮廓拐角处留下凹口，刀具切入、切出点应远离拐角，如图 4-11 所示。

用圆弧插补铣削内圆弧也要遵循从切向切入、切出的原则，最好安排从圆弧过渡到圆弧的加工路线，以提高内孔表面的加工精度和质量，如图 4-12 所示。

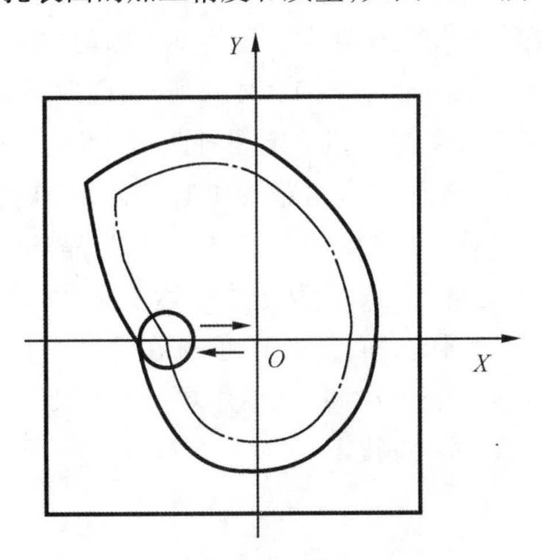

图 4-10 内轮廓加工刀具的切入和切出

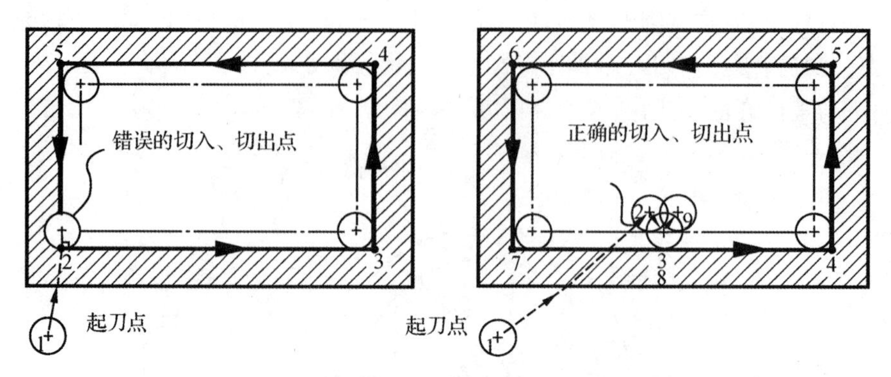

图 4-11　无交点内轮廓加工刀具的切入和切出

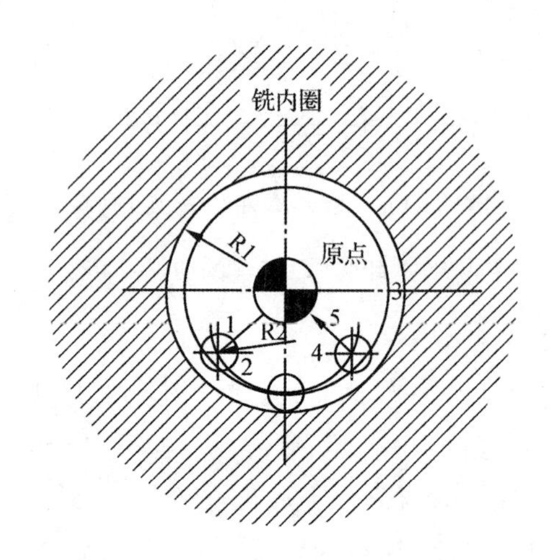

图 4-12　内轮廓加工刀具的切入和切出

(2) 铣削内槽的加工路线

所谓内槽,是指以封闭曲线为边界的平底凹槽。一般用平底立铣刀加工内槽。刀具圆角半径应符合内槽的图纸要求。图 4-13 所示为加工内槽的三种方法:行切法、环切法、先行切后环切。所谓“行切法”加工,如图 4-13(a)所示,即刀具与零件轮廓的切点轨迹是一行一行的,行间距由零件加工精度要求决定。所谓“环切法”加工,如图 4-13(b)所示,即刀具逐次向外扩展轮廓线。按两种进给路线加工都能切净内腔中的全部面积,不留死角,不伤轮廓,同时能尽量减少重复进给的搭接量。行切法的进给路线比环切法短,但行切法将在每两次进给的起点与终点间留下残留面积,达不到所要求的表面粗糙度;环切法获得的表面粗糙度小于行切法获得的表面粗糙度,但刀位点计算比较复杂。采用图 4-13(c)所示方法,先用行切法切去中间部分余量,然后用环切法环切一刀光整轮廓表面,能使进给路线较短,并获得较小的表面粗糙度。

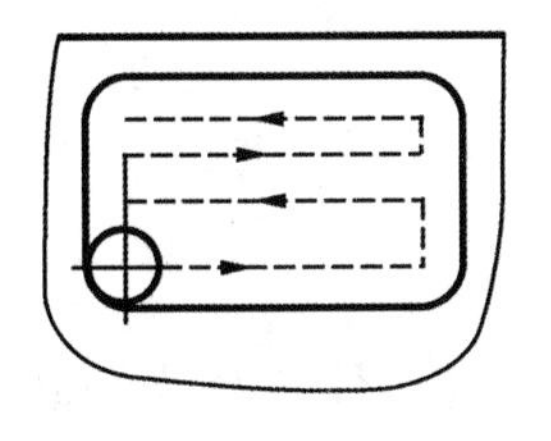

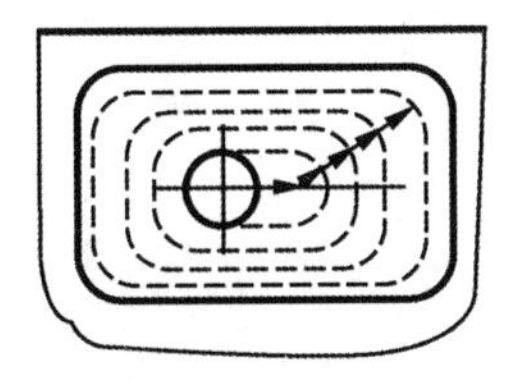

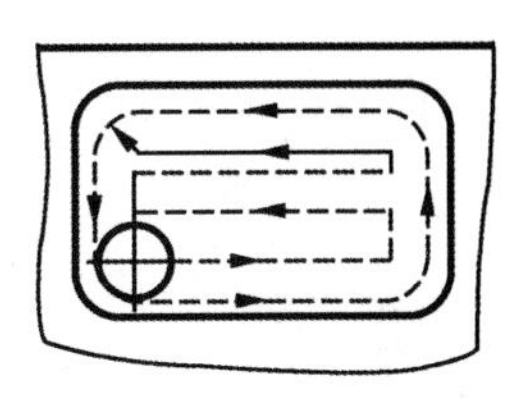

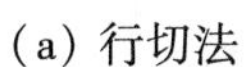

(b) 环切法　　(c) 先行切后环切

图 4-13　凹槽铣削加工

(3) 铣削曲面轮廓的进给路线

铣削曲面时常用球头铣刀并采用"行切法"进行加工。加工边界敞开的曲面可采用两种加工路线,如图 4-14 所示。当采用图 4-14(a)所示的加工路线时,每次加工都沿直线进行,且刀位点计算简单,程序少,加工过程符合直纹面的形成要求,可以准确保证母线的直线度。图 4-14(b)所示的加工路线符合这类零件数据给出情况,便于加工后检验。采用这种加工路线时,曲面形状的准确度较高,但程序较多。由于曲面零件的边界是敞开的,没有其他表面限制,所以曲面边界可以延伸,球头铣刀应从边界外开始加工。

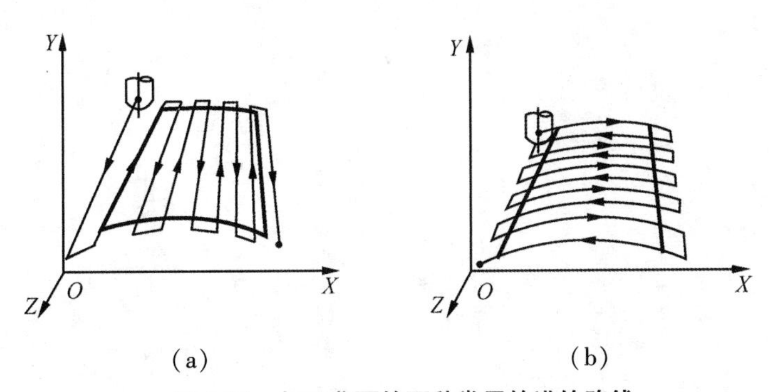

图 4-14　加工曲面的两种常用的进给路线

任务四　铣削刀具的选择

▶▶ 任务引入

熟悉数控加工中心刀具,会选择切削用量。

▶▶ 任务目标

能熟练选择加工刀具及切削用量。

▶▶ 必备知识

1. 铣刀类型的选择

数控铣削加工的刀具，按铣刀形状可分为平刀、球刀、牛鼻刀、异形刀等，按铣刀用途可分为立铣刀、端铣刀、键槽铣刀等，按铣刀材料可分为高速钢铣刀、硬质合金铣刀、金刚石铣刀、立方氮化硼铣刀、陶瓷铣刀等。编程人员应该根据数控铣床的加工能力、工件的材料性能、几何形状、表面品质要求、热处理状态、加工工序、切削用量、加工余量等，选择刚性好、耐用度高的刀具。选择刀具的一般原则是：尽量采用硬质合金或高性能材料制成的刀具；尽量采用机夹或可转位式刀具；尽量采用高效刀具。其中，被加工零件的几何形状是选择刀具类型的主要依据。

① 加工曲面类零件时，为了保证刀具切削刃与加工轮廓在切削点相切，避免刀刃与工件轮廓发生干涉，一般采用球头刀。粗加工时用两刃铣刀，半精加工和精加工时用四刃铣刀，如图 4-15 所示。

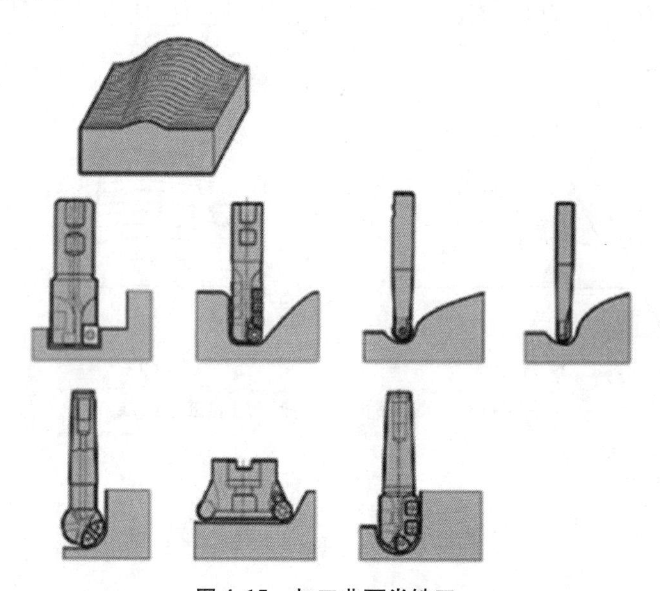

图 4-15　加工曲面类铣刀

② 铣削较大平面时，为了提高生产效率和降低加工表面粗糙度，一般采用刀片镶嵌式盘形铣刀，如图 4-16 所示。

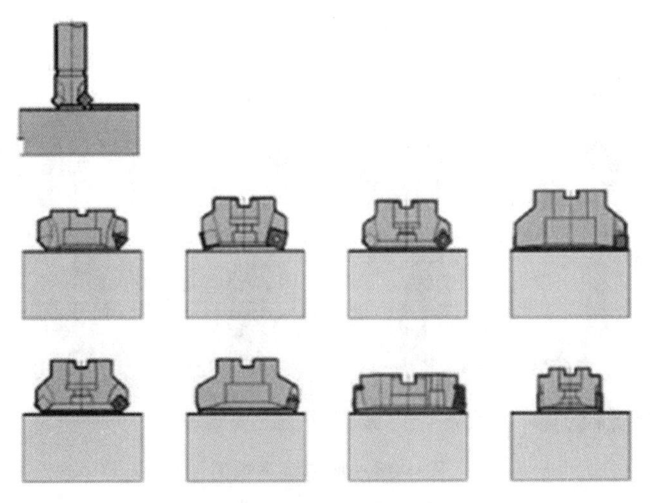

图 4-16　加工大平面铣刀

③ 铣削小平面或台阶面时，一般采用通用铣刀，如图 4-17 所示。

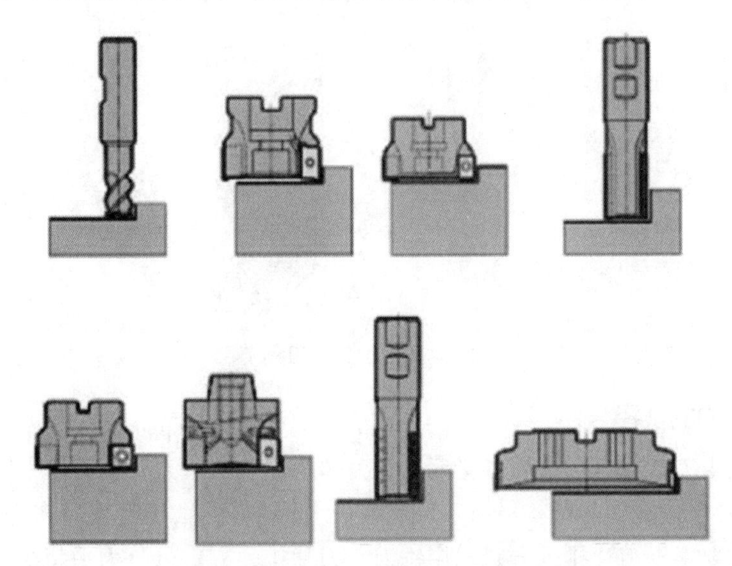

图 4-17　加工小平面或台阶面铣刀

④ 铣键槽时，为了保证槽的尺寸精度，一般用两刃键槽铣刀，如图 4-18 所示。

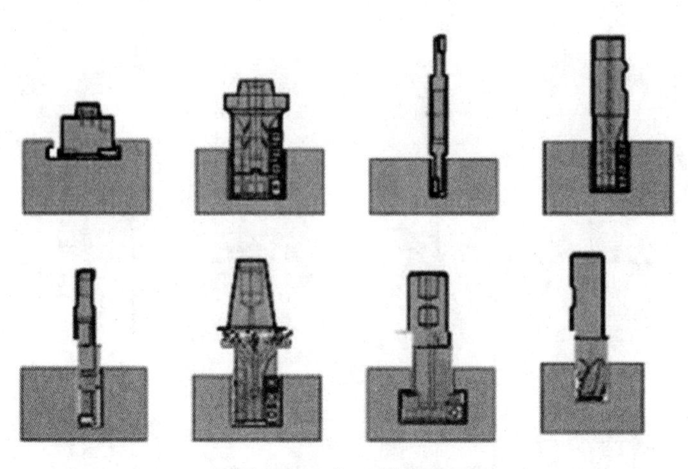

图 4-18　加工槽类铣刀

⑤ 加工孔时,可采用钻头、镗刀等孔加工类刀具,如图 4-19 所示。

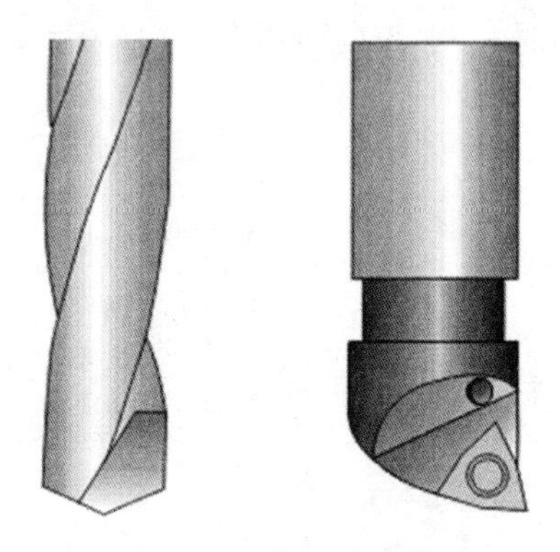

图 4-19　加工孔刀具

2. 铣刀结构的选择

铣刀一般由刀片、定位元件、夹紧元件和刀体组成。由于刀片在刀体上有多种定位与夹紧方式,刀片定位元件的结构又有不同类型,因此铣刀的结构形式有多种,分类方法也较多。我们主要根据刀片排列方式选用铣刀。刀片排列方式可分为平装结构和立装结构两大类。

① 平装结构(刀片径向排列)。平装结构铣刀(图 4-20)的刀体结构工艺性好,容易加工,并可采用无孔刀片(刀片价格较低,可重磨)。由于需要夹紧元件,刀片的一部分被覆盖,容屑空间较小,且在切削力方向上的硬质合金截面较小,故平装结构的铣刀一般用于轻型和中量型的铣削加工。

图 4-20 平装结构铣刀

② 立装结构(刀片切向排列)。立装结构铣刀(图 4-21)的刀片只用一个螺钉固定在刀槽上,结构简单,转位方便。虽然刀具零件较少,但刀体的加工难度较大,一般需用五坐标加工中心进行加工。由于刀片采用切削力夹紧,夹紧力随切削力的增大而增大,因此可省去夹紧元件,增大了容屑空间。由于刀片是切向安装,在切削力方向的硬质合金截面较大,因此可进行大切深、大走刀量切削。这种铣刀适用于重型和中量型的铣削加工。

图 4-21 立装结构铣刀

3. 铣刀角度的选择

铣刀的角度有前角、后角、主偏角、副偏角、刃倾角等。各种角度中最主要的是主偏角和前角(制造厂的产品样本说明书对刀具的主偏角和前角一般都有明确说明)。

① 主偏角 Kr。主偏角为切削刃与切削平面的夹角。铣刀的主偏角有 90°、88°、75°、70°、60°、45°等几种。

主偏角对径向切削力和切削深度影响很大。径向切削力的大小直接影响切削功率和刀具的抗震性能。铣刀的主偏角越小,其径向切削力越小,抗震性也越好,但切削深度也随之减小。

90°主偏角铣刀用于铣削带凸肩的平面,一般不用于单纯的平面加工。该类刀具通用性好(既可加工台阶面,又可加工平面),适用于单件、小批量加工。由于该类刀具的径向切削力等于轴向切削力,进给抗力大,易震动,因而该类刀具要求机床具有较大功率和足够的刚性。在加工带凸肩的平面时,我们也可选用 88°主偏角铣刀。88°主偏角铣刀与 90°主偏角铣刀相比,其切削性能有一定改善。

60°～75°主偏角铣刀适用于平面铣削的粗加工。由于径向切削力明显减小(特别是60°主偏角铣刀的径向切削力),铣刀的抗震性有较大改善,因此这类铣刀切削平稳、轻快,在平面加工中应被优先选用。75°主偏角铣刀为通用型刀具,适用范围较广;60°主偏角铣刀主要用于镗铣床、加工中心上的粗铣和半精铣加工。

45°主偏角铣刀的径向切削力大幅度减小(约等于轴向切削力),切削载荷分布在较长的切削刃上,因此,这类铣刀具有很好的抗震性,适用于镗铣床主轴悬伸较长的加工场合。用该类刀具加工平面时,刀片破损率低,耐用度高;在加工铸铁件时,工件边缘不易产生崩刃。

② 前角。铣刀的前角可分解为径向前角和轴向前角,如图4-22所示。径向前角主要影响切削功率。轴向前角主要影响切屑的形成和轴向力的方向。当轴向前角为正值时,切屑即飞离加工面。

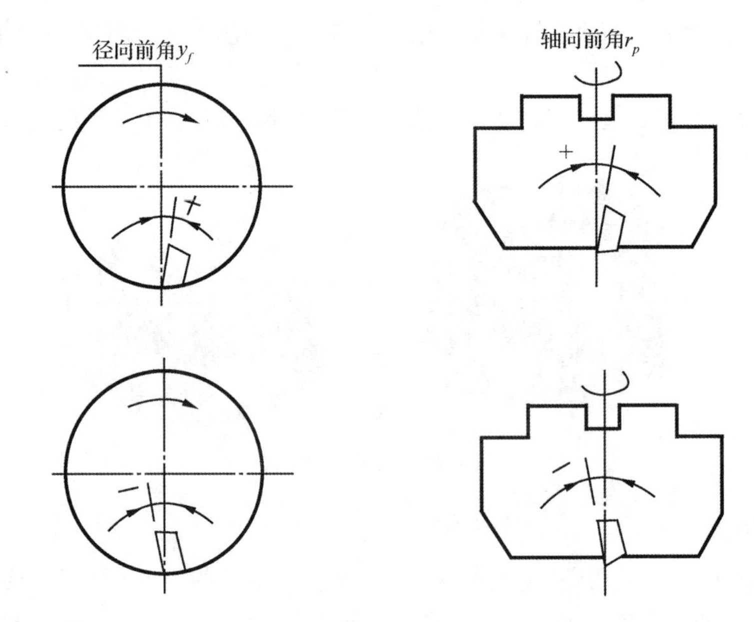

图4-22 前角

4. 铣刀齿数(齿距)的选择

铣刀齿数多,可提高生产效率,但受容屑空间、刀齿强度、机床功率及刚性等的限制。不同直径的铣刀的齿数均有相应规定。为满足不同用户的需要,同一直径的铣刀一般有粗齿、中齿、密齿三种类型。

① 粗齿铣刀。粗齿铣刀适用于普通机床的大余量粗加工和软材料或切削宽度较大的铣削加工。当机床功率较小时,为使切削稳定,我们也常选用粗齿铣刀。

② 中齿铣刀。中齿铣刀系通用系列,使用范围广泛,具有较高的金属切除率和切削稳定性。

③ 密齿铣刀。密齿铣刀主要用于铸铁、铝合金和有色金属的大进给速度切削加工。

在专业化生产(如流水线加工)中,为充分利用设备功率和满足生产节奏要求,密齿铣刀也常被选用(此时多为专用非标铣刀)。

为防止工艺系统出现共振,使切削平稳,铣刀中还有一种不等分齿距铣刀。在铸钢、铸铁件的大余量粗加工中不等分齿距的铣刀通常被优先选用。

5. 铣刀直径的选择

铣刀直径的选择主要取决于设备的规格和工件的加工尺寸。

① 平面铣刀。选择平面铣刀直径时主要需考虑刀具所需功率应在机床功率范围之内,也可将机床主轴直径作为选取的依据。可按 $D=1.5d$(D 为平面铣刀直径,d 为主轴直径)选取平面铣刀直径。在批量生产时,也可按工件切削宽度的1.6倍选择刀具直径。

② 立铣刀。选择立铣刀直径时,主要应考虑工件加工尺寸的要求,并保证刀具所需功率在机床额定功率范围以内。如使用小直径立铣刀,则应主要考虑机床的最快转速应达到刀具的最慢切削速度。

③ 槽铣刀。应根据加工工件尺寸选择槽铣刀的直径和宽度,并保证其切削功率在机床允许的功率范围之内。

6. 铣刀的最大切削深度的选择

不同系列的可转位面铣刀有不同的最大切削深度。最大切削深度越大的刀具所用刀片的尺寸越大,价格也越高,因此从节约费用、降低成本的角度出发,在选择刀具时一般应按加工的最大余量和刀具的最大切削深度选择合适的规格。当然,还需要考虑机床的额定功率和刚性应能满足刀具使用最大切削深度时的需要。

7. 刀片牌号的选择

合理选择刀片硬质合金牌号的主要依据是被加工材料的性能和硬质合金的性能。一般我们在选用铣刀时,可按刀具制造厂提供的加工材料及加工条件来配备相应牌号的硬质合金刀片。

由于各厂生产的同类用途硬质合金的成分及性能各不相同,硬质合金牌号的表示方法也不同,国际标准化组织规定,切削加工用硬质合金按其排屑类型和被加工材料分为三大类:P类、M类和K类。根据被加工材料及适用的加工条件,每大类中又分为若干组,用两位阿拉伯数字表示。数字越大,表示硬质合金的耐磨性越低、韧性越高。

P类合金(包括金属陶瓷)用于加工产生长切屑的金属材料,如钢、铸钢、可锻铸铁、不锈钢、耐热钢等。其中,组号越大,则可选用的进给量和切削深度越大,而切削速度则越慢。

M类合金用于加工产生长切屑和短切屑的黑色金属或有色金属,如钢、铸钢、奥氏体不锈钢、耐热钢、可锻铸铁、合金铸铁等。其中,组号越大,可选用的进给量和切削深度越大,而切削速度则越慢。

K类合金用于加工产生短切屑的黑色金属、有色金属及非金属材料,如铸铁、铝合金、铜合金、塑料、硬胶木等。其中,组号越大,可选用的进给量和切削深度越大,而切削速度则越慢。

任务五 铣削参数的选择

▶▶ 任务引入

会选择数控铣削参数。

▶▶ 任务目标

掌握数控铣削参数的选择方法。

▶▶ 必备知识

1. 吃刀量

铣削吃刀量包括背吃刀量和侧吃刀量,如图 4-23 所示。

背吃刀量 a_p 为平行于铣刀轴线测量的切削层尺寸,单位为 mm。端铣时,a_p 为切削层深度;圆周铣削时,a_p 为被加工表面的宽度。

侧吃刀量 a_e 为垂直于铣刀轴线测量的切削层尺寸,单位为 mm。端铣时,a_e 为被加工表面宽度;圆周铣削时,a_e 为切削层深度。

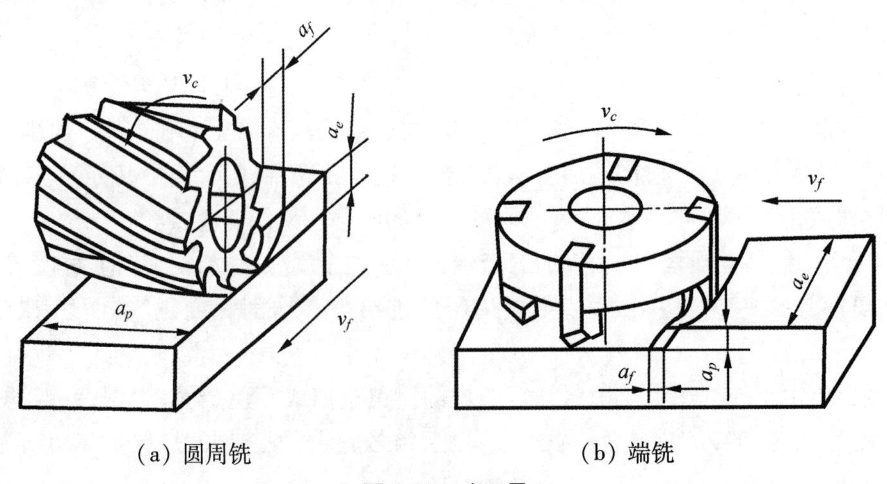

(a) 圆周铣　　(b) 端铣

图 4-23　吃刀量

背吃刀量和侧吃刀量的选取主要由加工余量和对表面质量的要求决定。

① 在工件表面粗糙度要求为 $Ra=12.5\sim25\ \mu m$ 时，如果圆周铣削的加工余量小于 5 mm，端铣的加工余量小于 6 mm，粗铣时一次进给就可以达到要求。但在余量较大，工艺系统刚性较差或机床动力不足时，加工可分两次进给完成。

② 在工件表面粗糙度要求为 $Ra=3.2\sim12.5\ \mu m$ 时，加工可分粗铣和半精铣两步进行。粗铣时背吃刀量和侧吃刀量选取方式同前。粗铣后留 0.5 ~ 1.0 mm 余量。余量将在半精铣时被切除。

③ 在工件表面粗糙度要求为 $Ra=0.8\sim3.2\ \mu m$ 时，加工可分粗铣、半精铣、精铣三步进行。半精铣时背吃刀量和侧吃刀量取 1.5 ~ 2 mm；精铣时圆周铣侧吃刀量取 0.2 ~ 0.4 mm，背吃刀量取 0.3 ~ 0.5 mm。

2. 切削进给速度

进给速度 F 是单位时间内工件与铣刀沿进给方向的相对位移，单位为 mm/min。它与铣刀转速 n、铣刀齿数 z 及每齿进给量 f_z（单位为 mm/r）的关系为

$$F=z\cdot n\cdot f_z$$

每齿进给量 f_z 的选取主要取决于工件材料的力学性能、刀具材料、工件表面粗糙度等因素。工件材料的强度和硬度越高，f_z 越小；反之，f_z 则越大。硬质合金铣刀的 f_z 大于同类高速钢铣刀的 f_z。工件表面粗糙度要求越高，f_z 就越小。

3. 切削速度

铣削的切削速度计算公式为

$$v_c=\frac{C_v d^q}{T^m f_z^y a_p^{x_V} a_e^{p_V} z^{x_V} 60^{1-m}}K_V$$

由上式可知，铣削的切削速度与刀具耐用度 T、每齿进给量 f_z、背吃刀量 a_p、侧吃刀量 a_e 以及铣刀齿数 z 成反比，而与铣刀直径 d 成正比。其原因是：f_z、a_p、a_e 和 z 增大时，刀刃负荷增加，而且同时工作齿数也增多，使切削热增加，刀具磨损加快，从而限制了切削速度的加快。刀具耐用度的提高使允许使用的切削速度减慢。但是加大铣刀直径，则可改善散热条件，因而可加快切削速度。

4. 主轴转速 n

主轴转速 n（r/min）由允许的切削速度 v_c（m/min）来确定：

$$n=1000\cdot v_c/(\pi\cdot d)$$

式中，d 为铣刀直径。

从理论上讲，v_c 的值越大越好，但实际上由于机床、刀具等的限制，使用国内机床、刀具时，允许的切削速度常常只能在 90 ~ 150 m/min 范围内。对于材质较软的铝、镁合金等，v_c 的值则可提高近一倍左右。

常用钢件材料铣削用量推荐值如表 4-1 所示。

表 4-1 常用钢件材料铣削用量推荐值

刀具名称	刀具材料	切削速度 /(m/min)	进给量 /(mm/r)	背吃刀量 /mm
中心钻	高速钢	20 ~ 40	0.05 ~ 0.1	0.5D
标准麻花钻	高速钢	20 ~ 40	0.15 ~ 0.25	0.5*D*
	硬质合金	40 ~ 60	0.05 ~ 0.2	0.5*D*
扩孔钻	硬质合金	45 ~ 90	0.05 ~ 0.4	≤2.5
机用铰刀	硬质合金	6 ~ 12	0.3 ~ 1	0.1 ~ 0.3
机用丝锥	硬质合金	6 ~ 12	*P*	0.5*P*
粗镗刀	硬质合金	80 ~ 250	0.1 ~ 0.5	0.5 ~ 0.2
精镗刀	硬质合金	80 ~ 250	0.05 ~ 0.3	0.3 ~ 1
立铣刀或键铣刀	硬质合金	80 ~ 250	0.1 ~ 0.4	1.5 ~ 3
	高速钢	20 ~ 40	0.1 ~ 0.4	≤0.8*D*
盘铣刀	硬质合金	80 ~ 250	0.5 ~ 1.0	1.5 ~ 3
球头铣刀	硬质合金	80 ~ 250	0.2 ~ 0.6	0.5 ~ 1.0
	高速钢	20 ~ 40	0.1 ~ 0.4	0.5 ~ 1.0

项目五　数控铣削加工

任务一　孔的数控加工

任务引入

了解在数控铣床上孔的加工方法及注意事项。完成如图 5-1 所示零件中四个孔的钻削及铰削编程。材料为硬铝，毛坯尺寸为 50mm × 50mm × 20mm。

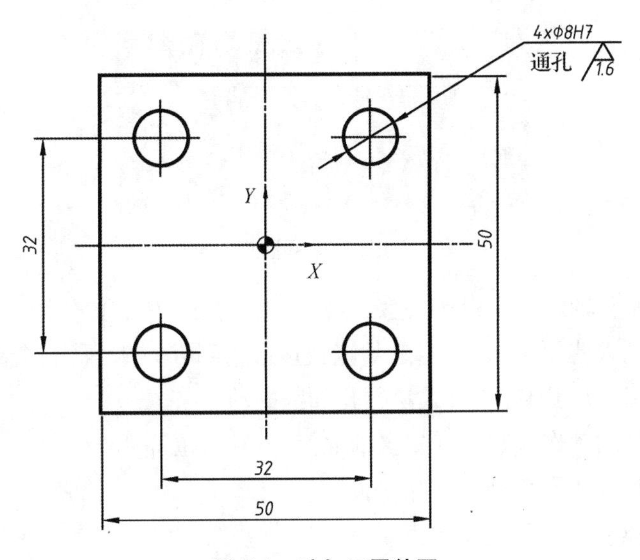

图 5-1　孔加工零件图

任务目标

- 了解孔的类型及加工方法。
- 了解麻花钻、钻孔工艺及工艺参数的选择方法。
- 掌握孔加工固定循环指令的使用方法。

- 了解铰刀的形状、结构、种类。
- 掌握铰削工艺参数选择及铰削编程的方法。
- 掌握内孔光滑塞规的使用方法。

▶▶ 必备知识

1. 孔加工固定循环的运动与动作

以立式数控机床加工为例，孔加工固定循环通常由以下 6 个动作组成，如图 5-2 所示。

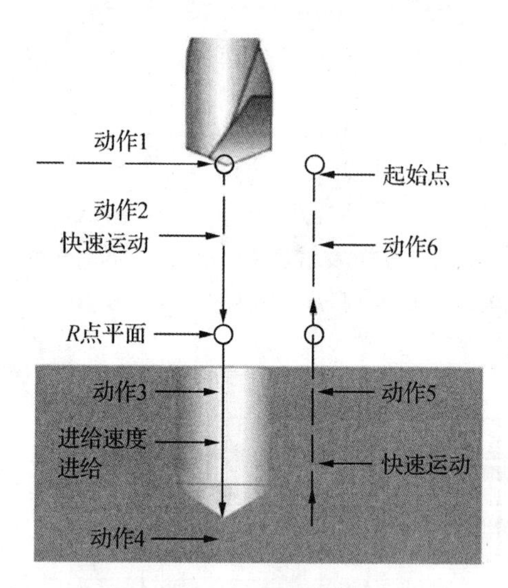

图 5-2 固定循环动作分解

动作 1：X 轴和 Y 轴定位，刀具快速定位到要加工孔的中心位置上方。

动作 2：快进到 R 点平面，刀具自起始点快速进给到 R 点平面（安全高度平面）。

动作 3：孔加工，以切削进给方式执行孔加工的动作。

动作 4：在孔底的动作，包括暂停、主轴准停、刀具移位等动作。

动作 5：返回到 R 点平面或者起始平面。

动作 6：从 R 点快速返回到初始点。

关于孔加工固定循环的几点说明：

① 初始平面。初始平面是为安全进刀切削而规定的一个平面。初始平面是开始执行固定循环时，刀位点的轴向位置。初始平面到零件表面的距离可以任意设定在一个安全的高度（一般是 100 mm）上。当使用同一把刀具加工若干孔时，只有孔间存在障碍并需要跳跃或全部孔加工完成时，我们才使用 G98 指令，使刀具返回初始平面。

② 参考平面。参考平面又叫 R 点平面。这个平面是刀具进刀切削时由快进转为工进的高度平面。其距工件表面的距离叫引入距离（主要考虑工件表面尺寸的变化），一般

可取 2 ~ 5 mm。使用 G99 指令时，刀具将返回到该平面的 *R* 点。在已加工表面上钻孔、镗孔、铰孔时，引入距离为 1 ~ 3 mm（或 2 ~ 5 mm）。在毛坯上钻孔、镗孔、铰孔时，引入距离为 5 ~ 8 mm。在攻螺纹、铣削时，引入距离为 5 ~ 10 mm。在编程时，我们要根据零件、机床的具体情况选取引入距离。

③ 进行孔加工时，根据孔的深度，我们可以一次加工到孔底，或分段加工到孔底（又叫间歇进给）。加工到孔底后，根据情况还要考虑超越距离，例如，钻头刃角为 118°时，轴向超越距离约为 1 ~ 2 mm。使用丝锥、镗刀等时，应根据刀具情况选择超越距离。

④ 孔底动作。孔不同，孔底动作也就不同。有的孔不需孔底动作；有的孔需暂停动作，以保证平底；有的孔需主轴反转（变向）；有的孔需主轴停止，或主轴定向停止，并移动一个距离。

⑤ 孔底平面。加工盲孔时孔底平面的深度就是孔底的 *Z* 轴深度。而加工通孔时一般刀具还要伸长超过工件底平面一段距离，这主要是为了保证全部孔深都按尺寸要求加工。钻削时钻头钻尖对孔深的影响不能被忽略。

⑥ 从孔底返回到 *R* 点平面。从孔中退出有快速进给、切削进给、手动等方法。

⑦ 定位平面由平面选择代码 G17、G18、G19 决定。

⑧ 固定循环不同，动作也会不同，有的没有孔底动作，有的不退回到初始平面，而只到 *R* 点平面。

2. 选择加工平面及孔加工轴线

选择加工平面的指令有 G17、G18 和 G19 三条指令，分别对应 *XY*、*XZ* 和 *YZ* 三个加工平面，以及分别对应 *Z* 轴、*Y* 轴和 *X* 轴三个孔加工轴线。立式加工中心孔加工只能在 *XY* 平面内使用 *Z* 轴作为孔加工轴线，与平面选择指令无关。下面主要讨论立式数控铣床孔加工固定循环指令。

3. 孔加工固定循环指令格式

编程格式：

```
    G90(G91)G99(G98)G73(G74、G76)G80(G81、G82、G83、G84、G85、G86、
G87、G88、G89)  X__  Y__  Z__  R__  Q__  P__  F__  L__;
```

前面已介绍过 G90、G91，这里不再介绍。G98、G99 为孔加工完后的回退方式指令。G98 为返回初始平面高度处指令；G99 为返回安全平面高度处指令。

当某孔被加工完后还有其他同类孔需要继续加工时，我们一般使用 G99 指令。只有当全部同类孔都加工完成后，或孔间有比较高的障碍需跳跃时，才使用 G98 指令，这样可节省抬刀时间。

G73、G74、G76 与 G80、G81、G82、G83、G84、G85、G86、G87、G88、G89 为孔加工方式指令，对应的固定循环功能见表 5-1。

表 5-1 固定循环功能

G 指令	加工动作(Z 向)	在孔底部的动作	回退动作(Z 向)	用途
G73	间歇进给		快速进给	高速深孔钻固定循环
G74	切削进给(主轴反转)	主轴正转	切削进给	攻左旋螺纹固定循环
G76	切削进给	主轴定向停止	快速进给	精镗固定循环
G80				固定循环取消
G81	切削进给		快速进给	钻削固定循环
G82	切削进给	暂停	快速进给	钻削固定循环、沉孔
G83	间歇进给		快速进给	深孔钻固定循环
G84	切削进给(主轴正转)	主轴反转	切削进给	攻右旋螺纹固定循环
G85	切削进给		切削进给	镗削固定循环
G86	切削进给	主轴停止	切削进给	镗削固定循环
G87	切削进给	主轴停止	手动或快速	反镗削固定循环
G88	切削进给	暂停、主轴停止	手动或快速	镗循环
G89	切削进给	暂停	切削进给	镗循环

说明:(1) X、Y 为孔位中心的坐标。

(2) Z 为孔底的 Z 轴坐标(执行 G90 时为孔底的绝对值 Z 轴坐标值,执行 G91 时为 R 点平面到孔底平面的 Z 轴坐标增量)。

(3) R 为安全平面的 Z 轴坐标(执行 G90 时为 R 点平面的绝对值 Z 轴坐标值,执行 G91 时为从初始平面到 R 点平面的 Z 轴坐标增量)。

(4) Q 在 G73、G83 间歇进给方式中,为每次加工的深度;在 G76、G87 方式中,为横移距离;在固定循环有效期间是模态值。

(5) P 为孔底暂停的时间,用整数表示,单位为 ms,仅对 G82、G88、G89 有效。

(6) F 为进给速度。

(7) S 为机床主轴转速。

(8) L 为重复循环的次数。L1 可不写;L0 将不执行加工,仅存储加工数据。

4. 常用孔加工方式说明

(1) 高速深孔钻(G73)

对孔深大于 5 倍直径的孔进行加工时,由于是深孔加工,不利于排屑,因此我们采用间歇进给(每次进给深度为 Q,最后一次进给深度 $\leqslant Q$,退刀量为 d),直到孔底为止。

编程格式：

```
G73  X__  Y__  Z__  R__  Q__  F__;
```

式中 X、Y 为孔的位置，Z 为孔底位置，R 为参考平面位置，Q 为每次加工的深度。

其动作过程如图 5-3(a)所示。d 为排屑退刀量，由系统参数设定。

(2) 深孔往复排屑钻(G83)

编程格式：

```
G83  X__  Y__  Z__  R__  Q__  F__;
```

该循环用于深孔加工。G83 指令与 G73 指令略有不同的是，每次刀具间歇进给回退至 *R* 点平面。这种退刀方式排屑畅通，此时的 *d* 表示刀具间歇进给每次下降时由快进转为工进的那一点至前一次切削进给下降时的点之间的距离。*d* 值由数控系统内部设定。由此可见，这种钻削方式适宜加工深孔。其动作过程如图 5-3(b)所示。

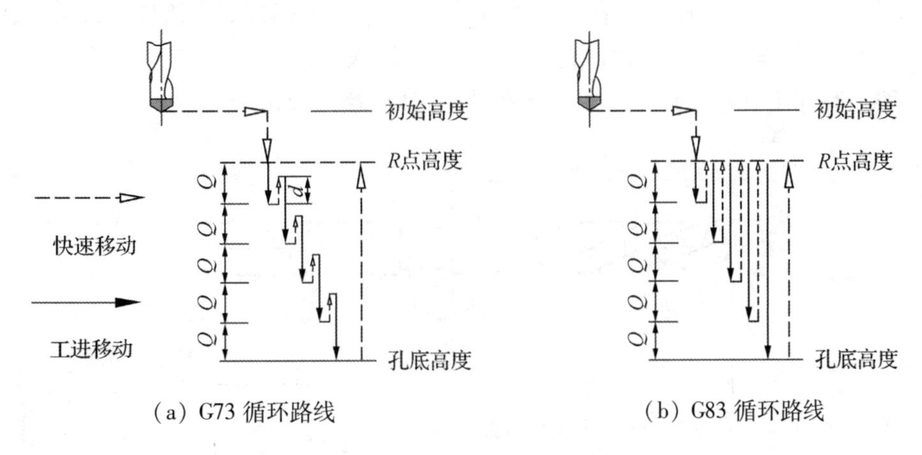

(a) G73 循环路线　　(b) G83 循环路线

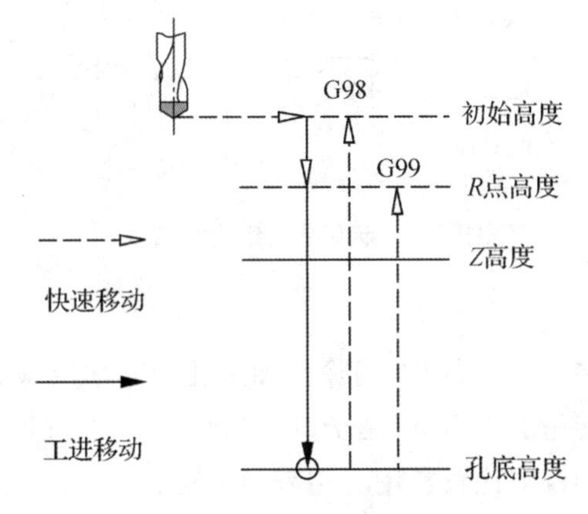

(c) G81 循环路线

图 5-3　动作过程

(3) **钻孔(G81)**

G81 用于一般的钻孔。

编程格式：

```
G81  X__  Y__  Z__  R__  F__;
```

其动作过程如图 5-3(c)所示。

(4) **固定循环取消(G80)**

G80 指令被执行后，固定循环(G73、G74、G76、G81、G82、G83、G84、G85、G86、G87、G88、G89)被该指令取消，*R* 点和 *Z* 点的参数以及除 *F* 外的所有孔加工参数均被取消。

5. 麻花钻

麻花钻是通过其相对固定轴线的旋转切削钻削工件的圆孔的工具，因其容屑槽成螺旋状，形似麻花而得名。螺旋槽有 2 个槽、3 个槽或更多槽，但以 2 个槽最为常见。麻花钻可被夹持在手动、电动的手持式钻孔工具或钻床、铣床、车床乃至加工中心上使用。钻头材料一般为高速工具钢或硬质合金。麻花钻的组成和结构如图 5-4 所示。

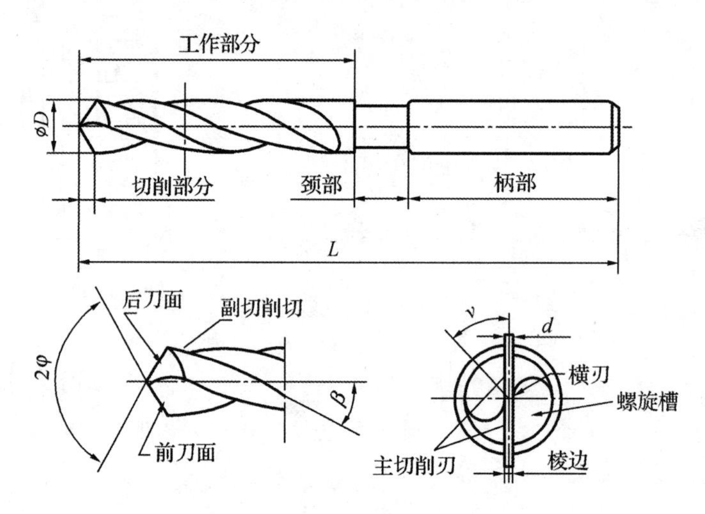

图 5-4　麻花钻的组成和结构

6. 铰刀

铰刀是具有一个或多个刀齿，用以切除已加工孔表面薄层金属的旋转刀具。铰刀是具有直刃或螺旋刃的旋转精加工刀具，用于扩孔或修孔。

用来加工圆柱形孔的铰刀比较常用。用来加工锥形孔的铰刀是锥形铰刀，比较少用。从使用情况来看，铰刀有手用铰刀和机用铰刀。机用铰刀可分为直柄铰刀和锥柄铰刀。手用铰刀则是直柄型的。铰刀的几何形状和结构如图 5-5 所示。

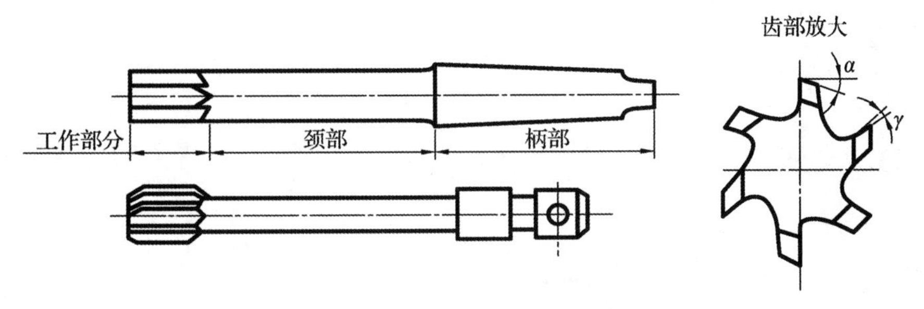

图 5-5　铰刀的几何形状和结构

7. 内孔光滑塞规

内孔光滑塞规是一种用来测量内孔尺寸的精密量具。光滑塞规的最小极限尺寸一端叫作通端,最大极限尺寸一端叫作止端。在测量中通端塞规应通过内孔,止端塞规不应通过内孔,如图 5-6 所示。

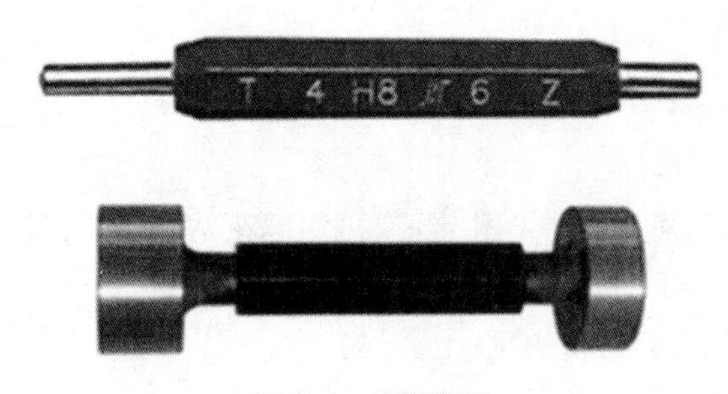

图 5-6　光滑塞规

光面塞规规格:$\phi3 \sim \phi500$ mm。特殊型号可以定做。

光滑塞规的使用方法和注意事项:

① 使用前要先检查塞规测量面。塞规测量面不能有锈迹、丕锋、划痕、黑斑等。塞规的标志应正确清楚。

② 塞规必须在周期检定期内,而且附有检定合格证或标记,或其他足以证明塞规合格的文件。

③ 塞规测量的标准条件:温度为 20℃时,测力为 0。在实际使用中这一条件要求很难达到。为了减少测量误差,使用者应尽量在等温条件下用塞规测量被测件,使用的力要尽量小,不可把塞规用力往孔里推或一边旋转塞规一边往里推。

④ 测量时,使用者应将塞规顺着孔的轴线插入或拔出,不能倾斜;将塞规塞入孔内后,不许转动或摇晃塞规。

⑤ 塞规不可用于检测不清洁的工件。

▶▶ 任务实施

1. 加工工艺分析

(1) 工具的选择

工件装夹在平口钳上。平口钳用百分表校正。

(2) 量具的选择

孔间距用游标卡尺测量,孔径尺寸精度用内径百分表或塞规测量,内径百分表用千分尺校对,表面质量用表面粗糙度样板比对。

(3) 刃具的选择

刃具的选择顺序和用法:先用中心钻钻中心孔定心,然后用麻花钻钻孔。铰孔作为孔的精加工方法之一,放在最后。

(4) 加工工艺方案的选择

① 加工工艺路线的选择。

钻孔前应校平工件,然后钻中心孔定心,再用麻花钻钻各孔,最后再铰孔。具体工艺如下:

a. 用 A3 中心钻钻 4 × ϕ8H7 中心孔。

b. 用 ϕ7.8 mm 麻花钻钻 4 × ϕ8H7 底孔。

c. 用 ϕ8H7 铰刀铰 4 × ϕ8H7 的孔。

② 合理切削用量的选择。

铰削余量既不能太大,也不能太小。若余量太大,铰削困难;若余量太小,前道工序加工痕迹无法消除。一般粗铰余量为 0.15 ~ 0.30 mm,精铰余量为 0.04 ~ 0.15 mm。铰孔前如采用钻孔、扩孔等工序,那么铰削余量主要由所选择的钻头直径确定。

本任务加工铝件。由于钻孔、铰孔为通孔,切削速度可以较高,但垂直下刀进给量应小,参考切削用量参数见表 5-2。

表 5-2 参考切削用量的选择

刀具号	刀具规格	工序内容	进给速度 /(mm/min)	主轴转速 /(r/min)
T1	A3 中心钻	用 A3 中心钻钻 4 × ϕ8H7 中心孔	100	1000
T2	ϕ7.8 mm 麻花钻	用 ϕ7.8 mm 麻花钻钻 4 × ϕ8H7 底孔	100	1000
T3	ϕ8H7 铰刀	用 ϕ8H7 铰刀铰 4 × ϕ8H7 的孔	60	1200

2. 参考程序编制

根据工件坐标系建立原则,本任务工件坐标系建立在工件上表面中心位置。四个孔的坐标分别为(16,16)、(16,－16)、(－16,－16)、(－16,16)。

参考程序如下:

```
N5  O0001;                                   程序名
N10  G90  G54  G00  X0  Y0;                  设置工件坐标系
N20  M03  S1000  M08;                        主轴正转、切削液开
N30  G43  Z10  H01;                          建立1号刀具高度补偿
N40  G99  G81  X16  Y16  Z-3  R5             调用孔加工循环钻中心孔
F100;
N50  Y-16;                                   继续钻Y-16处的孔
N60  X-16;                                   继续钻X-16处的孔
N70  Y16;                                    继续钻Y16处的孔
N80  G80  G00  Z100;                         取消钻孔循环,抬刀
N90  M05  M09  M00;                          主轴停转,切削液关,程序停
                                             止,安装T2
N100N  G54  G00  X0  Y0;                     设置工件坐标系
N110  M03  S1000  M08;                       主轴正转,切削液开
N120  G43  Z10  H02;                         建立2号刀具高度补偿
N130  G99  G83  X16  Y16  Z-23  R5           调用孔加工循环钻通孔
Q3  F100;
N140  Y-16;                                  继续钻Y-16处的孔
N150  X-16;                                  继续钻X-16处的孔
N160  Y16;                                   继续钻Y16处的孔
N170  G80  G00  Z100;                        取消钻孔循环,抬刀
N180  M05  M09  M00;                         主轴停转、切削液关,程序停
                                             止,安装T3
N190  G54  G00  X0  Y0;                      设置工件坐标系
N200  M03  S1200  M08;                       主轴正转,切削液开
N210  G43  Z10  H03;                         建立3号刀具高度补偿
N220  G99  G81  X16  Y16  Z-23  R5           调用孔加工循环(铰孔)
F60;
N230  Y-16;                                  继续铰Y-16处的孔
N240  X-16;                                  继续铰X-16处的孔
N250  Y16;                                   继续铰Y16处的孔
N260  G80  G00  Z100;                        取消钻孔循环,抬刀
N270  M05  M09  M30;                         主轴停转,切削液关,程序结束
```

▶▶ 资料链接

铰孔时,切削液对孔表面质量和尺寸精度有较大影响。我们应该根据加工情况,合理选择切削液。一般铰钢件及韧性材料时,选择全系统损耗用油(俗称机油)或乳化液;铰铸铁及脆性材料时,选择煤油、煤油与矿物油的混合油;铰铜件或铝合金时,选择植物油、专用锭子油(SH/T0360—1992)和合成锭子油(SH/T0111—1992)。

▶▶ 任务拓展

针对图 5-7 所示零件,编写钻孔、铰孔的加工程序。

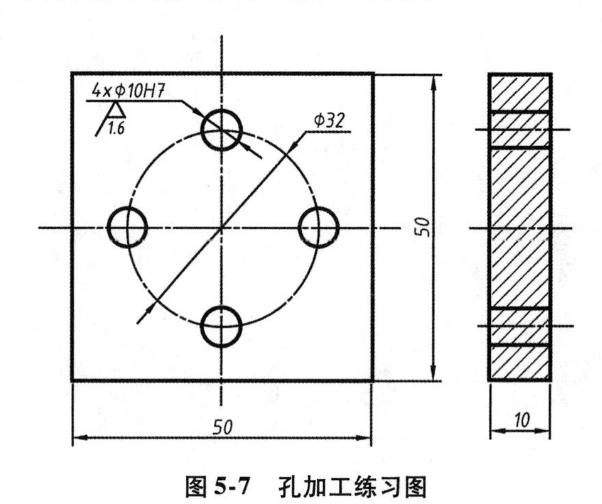

图 5-7 孔加工练习图

任务二 子程序编程加工

▶▶ 任务引入

零件图如图 5-8 所示。零件毛坯尺寸为 80 mm × 60 mm × 20 mm,材料为硬铝。选择合理的工艺路线及切削参数,采用子程序方法编写数控加工程序。

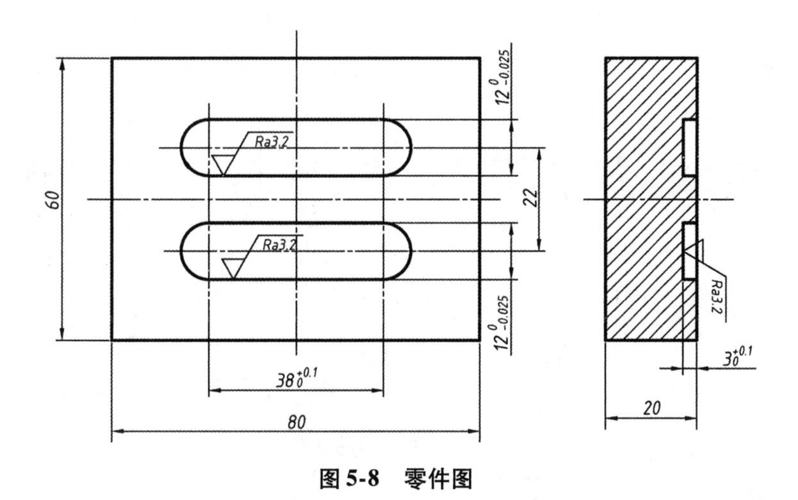

图 5-8　零件图

▶▶ 任务目标

- 了解局部坐标系的概念。
- 掌握子程序的编程方法。
- 掌握坐标系旋转指令及使用方法。
- 掌握键槽加工工艺制定方法。

▶▶ 必备知识

1. 局部坐标系

如果工件在不同位置有重复出现的形状或结构,我们可把这一部分形状或结构编写成子程序。在主程序适当的位置调用、运行子程序,即可加工出相同的形状和结构,从而简化编程。而编写子程序时不可能用工件坐标系,必须重新建立一个子程序的坐标系。这种在工件坐标系中建立的子坐标系称为局部坐标系。

2. 子程序

(1) 子程序的功能

我们可以编制并在程序适当的位置调用、运行子程序来对经常需要进行重复加工的轮廓或零件上相同形状的轮廓进行加工。原则上子程序和主程序之间没有区别。主程序可以在适当位置调用子程序。子程序也可以再调用其他子程序,如图 5-9 所示。

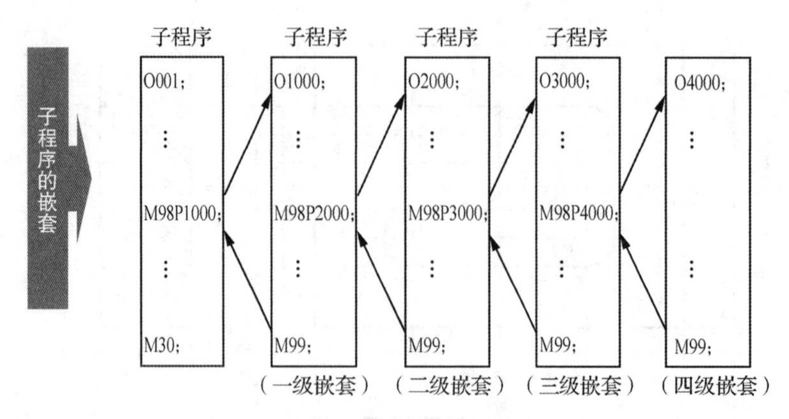

图 5-9　子程序的嵌套

(2) 调用子程序 M98

编程格式:

M98　P__;

P 后面跟子程序被重复调用的次数及子程序名。若调用次数为 1 次,次数可省略不写。例如:

N20　M98　P2233;　　　调用子程序“O2233”1 次

N40　M98　P31133;　　重复调用子程序“O1133”3 次

(3) 子程序的格式

O××××;

…

M99;

说明: O××××为子程序名,M99 表示子程序结束并返回。

(4) 子程序使用说明

① 主程序调用子程序后,子程序可再调用其他子程序,这就是子程序嵌套。一般子程序嵌套深度为三层,也就是有四个程序界面(包括主程序界面)。固定循环是子程序的一种特殊形式,也属于四个程序界面中的一个。

② 子程序可以被重复调用,最多被调用 999 次。

③ 在子程序中模态有效的 G 功能可以改变,比如 G90、G91 的变换。在返回调用程序时我们要注意检查一下所有模态有效的功能指令,并按照要求进行调整。

拓展指令学习

1. 坐标系旋转指令功能

坐标系旋转指令功能可将坐标系旋转一个角度,使刀具在旋转后的坐标系中运行。例如,在机床上,当工件的加工位置由编程的位置旋转相同的角度时,我们可使用旋转指令修改一个程序。更进一步,如果工件的形状由许多相同的图形组成,则可将图形单元编成子程序,然后用主程序调用。这样可简化程序,省时,省存储空间。

2. 指令格式

```
G17;
G18  G68  α__  β__  R __;          坐标系旋转开始
G19;
…                                   坐标系旋转模式(坐标系被旋转)
G69;                                取消坐标系旋转
```

说明:

① G17(G18 或 G19):选择坐标系所在的平面。

② α、β:为相应的轴旋转中心的绝对值坐标。

③ R:以某点为旋转中心旋转 R 角度,逆时针为正,顺时针为负。

3. 指令使用说明

① 选择平面的 G 码(G17、G18 或 G19)可以在包含有坐标系旋转的 G 码(G68)的单节前被指定。G17、G18 或 G19 不能在坐标系旋转模式下被指定。

② 作为增量位置的指令在 G68 单节和绝对指令之间被指定;它被认为是指定 G68 旋转中心的位置。

③ 当省略 X 和 Y 时,指定 G68 时的位置被设定为旋转中心。

④ 当省略旋转角度时,设定在参数 5410 的值被认为是旋转角度。使用 G69 可取消旋转坐标系。

⑤ G69 可以指令在其他指令的同一单节中刀具偏置。例如,刀具半径补偿、刀长补正或刀具偏置在旋转后的坐标系中执行。

例如,加工图 5-10 所示的图形。在工件坐标系 XOY 中,A、B、C、D、E 等基点坐标不易求解,用坐标轴偏转指令把工件坐标系偏转 35°至 $X'O'Y'$ 坐标系后,基点坐标便很容易求出,编程也方便。程序如下:

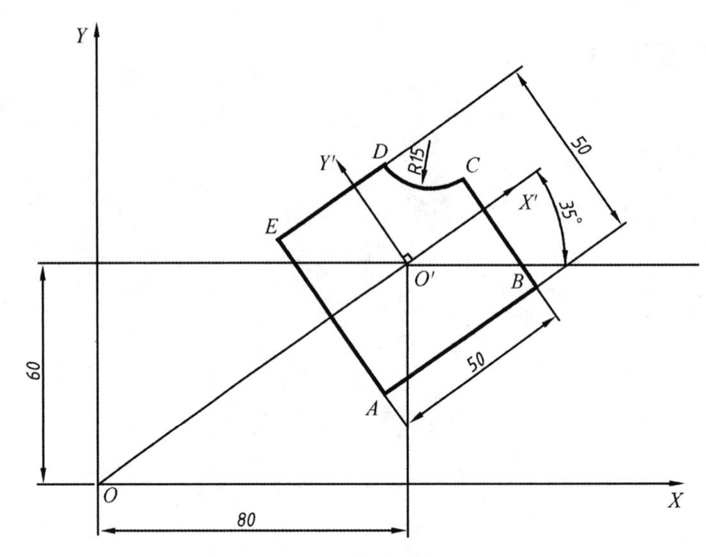

图 5-10 应用实例

N1 O0001;	程序名
N5 G90 G54 G00 X0 Y0;	建立工件坐标系 *XOY*
N10 M03 S1000;	主轴正转
N20 G43 Z10 H01;	建立刀具高度补偿
N30 G68 X80 Y60 R35;	旋转至 *X′O′Y′* 坐标系
N40 G00 X-25 Y-25;	刀具移动到当前坐标系 *A* 点
N50 G01 Z-2 F50;	下刀
N60 X25;	直线加工至 *B* 点
N70 Y10;	直线加工至 *C* 点
N80 G02 X10 Y25 R15;	圆弧加工至 *D* 点
N90 G01 X-25;	直线加工至 *E* 点
N100 Y-25;	直线加工至 *A* 点
N110 G00 Z10;	抬刀
N120 G69;	取消坐标系旋转
N130 G00 X0 Y0;	刀具移动到(0,0)
N140 M05;	主轴停转
N150 M30;	程序结束

任务实施

1. 加工工艺的分析

(1) 工具的选择

工件采用平口钳装夹,试切法对刀。

(2) 量具的选择

槽宽尺寸用游标卡尺测量,槽深尺寸用深度游标卡尺测量,表面质量用表面粗糙度样板检测,平口钳及工件上表面用百分表校正。

(3) 刀具的选择

选择刀具直径时主要考虑凹槽拐角圆弧半径值大小。本任务的材料最小圆弧半径 $R=6$ mm,所选铣刀直径应小于 12 mm,此处选 10 mm;粗加工用键槽铣刀铣削,精加工用能垂直下刀的立铣刀或键槽铣刀。由于加工材料为硬铝,因此铣刀材料用普通高速钢即可。

(4) 加工工艺方案的选择

① 加工工艺路线的选择。

由于两个槽的尺寸完全一样,我们可编写一个子程序,调用 2 次。分别编写粗、精加工的子程序,加工时分别调用。将工件坐标系建立在槽的几何中心上,分别用 G54、G55 指令来设定。用主程序分别调用两个子程序来加工键槽。其中单个槽加工工艺如下。

a. 圆弧切入、切出。

键槽铣削加工一般不宜直接采用刀具直径控制槽侧尺寸,应该沿着轮廓加工。铣削槽内侧表面时,如果切入和切出无法外延,切入与切出应尽量采用圆弧过渡。一般可以将槽中心或重要圆弧圆心作为下刀点。图 5-11 所示为加工键槽时使用刀具半径补偿后再设置的圆弧切入、切出路径。

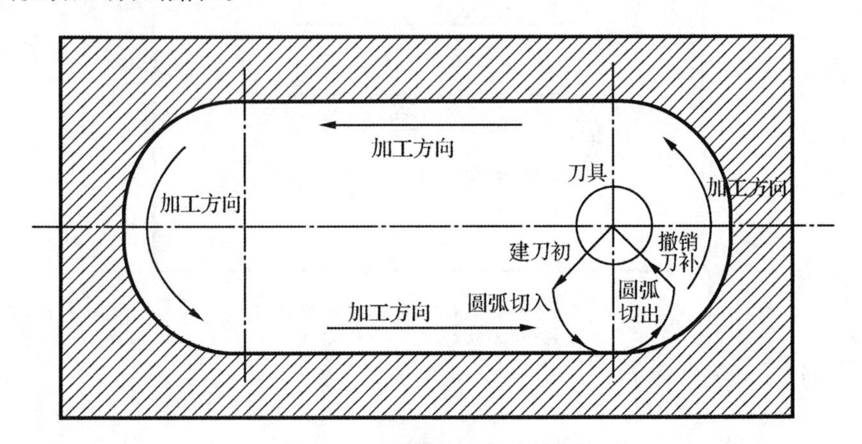

图 5-11　圆弧切入、切出路径

b. 铣削方向。

与内轮廓加工一样,顺铣时由于切削厚度由厚变薄,不存在刀齿滑行,刀具磨损少,表面质量较高。当铣刀沿槽轮廓逆时针方向铣削时,刀具旋转方向与工件进给方向一致为顺铣。

c. 铣削路径。

铣削凹槽仍采用行切和环切相结合的方式,以保证能完全切除槽中余量。由于凹槽宽度较小,铣刀沿轮廓加工一圈即可把槽中余量全部切除,故本任务不需采用行切方式切除槽中多余余量。加工每一个槽时,根据其尺寸精度、表面粗糙度要求,加工路线可分为粗、精两道加工路线。

② 合理切削用量的选择。

由于加工材料为硬铝,粗铣凹槽时除精铣余量外,其余部分应被一刀切完。切削速度可较快,进给速度可选择 50 ~ 80 mm/min,具体见表 5-3。

表 5-3 粗、精铣削用量

刀具	工作内容	进给速度/(mm/min)	主轴转速/(r/min)
高速钢键槽铣刀(T1)	粗铣凹槽留 0.3 mm 精加工余量	70	1000
高速钢立铣刀(T2)	精铣凹槽	60	1200

2. 参考程序编制

我们在键槽几何中心处分别建立 G54、G55 两个工件坐标系,如图 5-12 所示将 Z 轴零点设置在工件上表面。

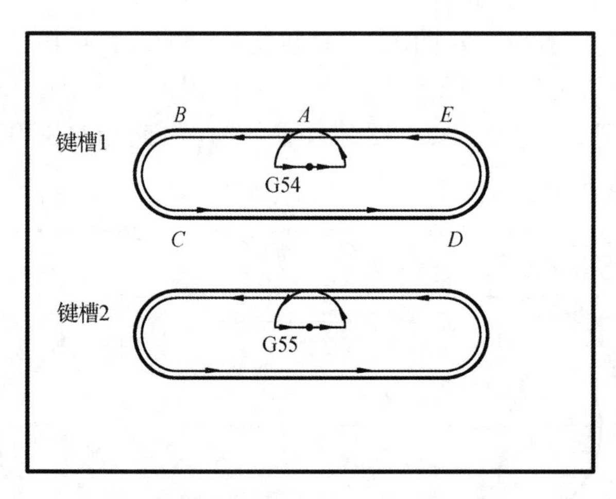

图 5-12 G54、G55 工件坐标系设定

精加工程序分析如表 5-4 所示。

表 5-4　程序示例分析

(a) 主程序

程序段号	程序内容	动作说明
N1	O0002;	程序名
N5	G90　G54　G00　X0　Y0;	选择 G54 坐标系加工槽 1
N10	M03　S1200;	主轴正转
N20	G43　Z10　H02;	建立刀具高度补偿
N30	M98　P0010;	调用子程序精加工槽 1
N40	G55　X0　Y0;	选择 G55 坐标系加工槽 2
N50	M98　P0010;	调用子程序精加工槽 2
N60	M05;	主轴停转
N70	M30;	程序结束

(b) 子程序

程序段号	程序内容	动作说明
N10	O0010;	子程序名
N20	G01Z-3　F50;	下刀
N30	G41　X5　Y1　D01　F60;	建立刀具半径补偿
N40	G03　X0　Y6　R5;	圆弧切入
N50	G01　X-19;	直线加工至 *B* 点
N60	G03　Y-6　R6;	圆弧加工至 *C* 点
N70	G01　X19;	直线加工至 *D* 点
N80	G03　Y6　R6;	圆弧加工至 *E* 点
N90	G01　X0;	直线加工至 *A* 点
N100	G03　X-5　Y1　R5;	圆弧切出
N110	G40　G01　X0　Y0;	取消刀具半径补偿
N120	G00　Z10;	抬刀

▶▶ 任务拓展

如图 5-13 所示,零件上有 4 个形状、尺寸相同的方槽,槽深 2 mm,槽宽 10 mm。试用子程序编制加工程序。

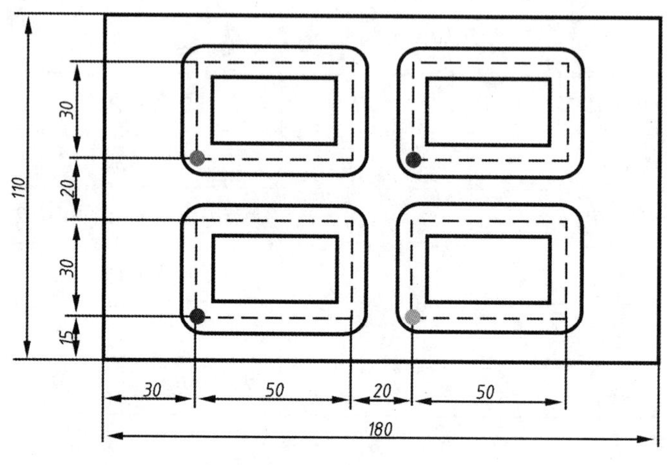

图 5-13　拓展练习图

任务三　数控铣削加工

▶▶ 任务引入

加工如图 5-14 所示的工件。试分析其加工步骤并编写数控加工程序。已知毛坯尺寸为 120 mm × 80 mm × 30 mm。

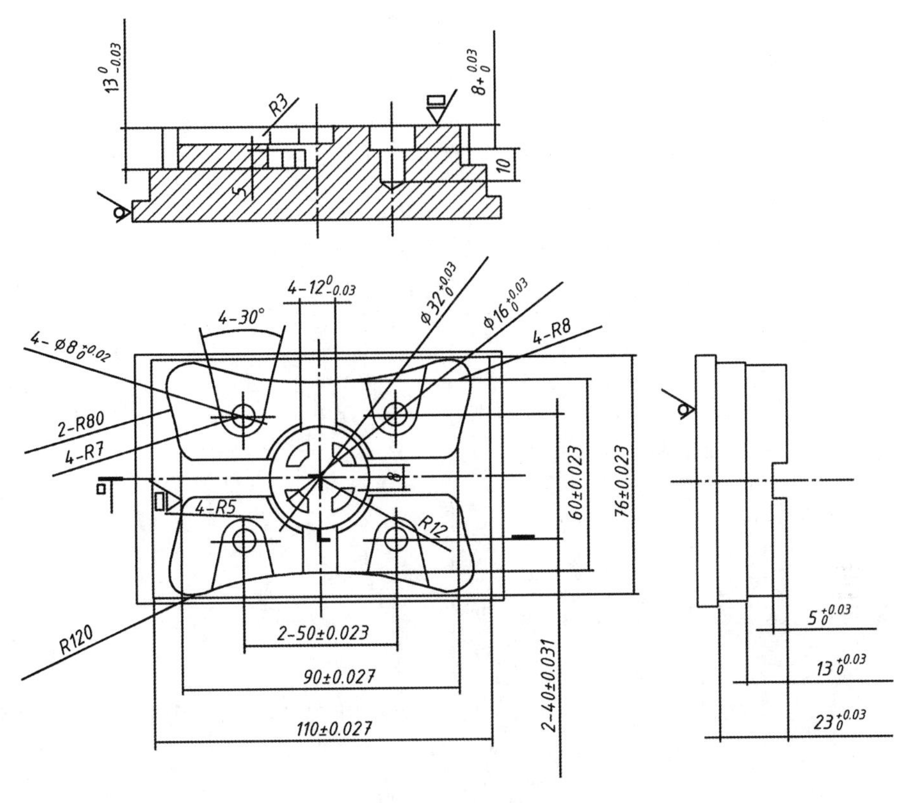

图 5-14 零件图

▶▶ 任务目标

- 通过分析实例的加工工艺及编程技巧，进一步学习数控系统常用指令的编程方法与加工工艺；
- 巩固数控铣床操作知识，综合编写工件程序。

▶▶ 必备知识

1. 加工工艺分析

本项目零件加工采用工序集中的原则。划分的加工工序为：工序 1 为粗、精加工轮廓表面及孔；工序 2 为钳工加工毛刺并倒棱。

2. 数控工序卡片编制

编写数控工序卡片时，我们首先要确定该工序加工的工步内容；然后根据每个工步内容选择刀具；最后根据所选择的刀具、刀具材料以及工件材料来确定切削用量。本项目零件数控加工工序卡如表 5-5 所示。

表 5-5 加工工序卡

单位名称	数控加工工序卡片		产品名称或代号		零件名称		零件图号
	程序编号						
工序号			夹具名称		使用设备		车间
			平口虎钳		FANUC 0i 数控铣		
工步号	工步内容	刀具号	刀具规格	主轴转速 /(r/min)	进给速度 /(mm/min)	背吃刀量 /mm	备注
1	通过垫铁组合,保证工件上表面伸出平口钳的距离为 20 mm,并找正						
2	粗铣外形轮廓	T01	ϕ16 mm 立铣刀	800	200	1	留 0.2 mm 余量
3	精铣外形轮廓	T01	ϕ16 mm 立铣刀	1000	100	0.2	加工到要求尺寸
4	钻孔	T02	ϕ8 mm 钻头	800	60	4	5 个孔
5	粗加工 4 个角度为 30°的开口槽	T03	ϕ12 mm 立铣刀	800	200	1	留 0.2 mm 余量
6	精加工 4 个角度为 30°的开口槽	T03	ϕ12 mm 立铣刀	1000	100	0.2	加工到要求尺寸
7	粗铣直径为 32 mm、深度为 8 mm 的腔体	T01	ϕ16 mm 立铣刀	800	200	1	留 0.2 mm 余量
8	精铣直径为 32 mm、深度为 8 mm 的腔体	T01	ϕ16 mm 立铣刀	1000	100	0.2	加工到要求尺寸
9	粗铣直径为 16 mm、深度为 13 mm 的腔体及宽度为 8 mm 的十字槽	T04	ϕ8 mm 立铣刀	800	200	1	留 0.2 mm 余量
10	粗铣直径为 16 mm、深度为 13 mm 的腔体及宽度为 8 mm 的十字槽	T04	ϕ8 mm 立铣刀	1000	100	0.2	加工到要求尺寸

续表

工步号	工步内容	刀具号	刀具规格	主轴转速/(r/min)	进给速度/(mm/min)	背吃刀量/mm	备注
11	粗加工宽度为 4 mm 的圆环槽	T05	ϕ4 mm 立铣刀	1000	200	1	留 0.2 mm 余量
12	精加工宽度为 4 mm 的圆环槽	T05	ϕ4 mm 立铣刀	1500	100	0.2	加工到要求尺寸
13	粗铣宽度为 12 mm 的十字槽	T04	ϕ8 mm 立铣刀	800	100	1	留 0.2 mm 余量
14	精铣宽度为 12 mm 的十字槽	T04	ϕ8 mm 立铣刀	1000	80	0.2	加工到要求尺寸
15	工件表面去毛刺倒棱						
编制		审核		批准	年　月　日	共　页	第　页

任务实施

所准备的毛坯上表面已经被铣削完。本程序粗、精加工采用同一程序，请读者自己更改刀具补偿。参考程序如下：

```
O0001;                                            程序名
N10  G90  G54  G00  X0.0  Y0.0  M03               采用 G54 坐标系
S1000;
N20  G43  Z100  H01;
N30  X-70.0  Y0.0;                                快速定位(X-70,Y0)
N40  Z5.0;
N50  G01  Z-13.0  F80.0;
N60  G41  Y-25.0  D01  F100.0;                    建立刀补
N70  G03  X-45.0  Y0.0  R25.0;
N80  G03  X-49.49  Y26.42  R80.0;                 加工 R80 圆弧
N90  G02  X-39.32  Y36.62  R8.0;
N100  G03  X39.32  R120.0;                        加工 R120 圆弧
N110  G02  X49.49  Y26.42  R8.0;
N120  G03  Y-26.42  R80.0;
N130  G02  X39.32  Y-36.62  R8.0;
N140  G03  X-39.32  R120.0;
N150  G02  X-49.49  Y-26.42  R8.0;
```

```
N160  G03  X-45.0  Y0.0  R80.0;
N170  X-70.0  Y25.0  R25.0;
N180  G40  G01  Y0.0;                        取消刀补
N190  G00  Z100.0;
N200  M05;
N210  M30;                                   程序结束
O0002;                                       钻孔
N10  G40  G80  G69;
N20  G90  G54  G00  X0.0  Y0.0               主轴正转,转速为800 r/min
M03  S800.0;
N30  G43  Z100.0  H02;
N40  G83  X0.0  Y0.0  Z-12.0  R5.0  Q3.0  F60.0;
N50  X25.0  Y20.0  Z-20.0;
N60  X-25.0;
N70  Y-20.0;
N80  X25.0;
N90  G80;
N100  M05;
N110  M30;
O0003;                                       精加工4个角度为30°的开
                                             口槽
N10  G90  G54  G00  X0.0  Y0.0  M03          采用G54坐标系
S1000.0;
N20  G43  Z100.0  H03;
N30  X-50.0  Y70.0;                          快速定位(X-50,Y70)
N40  Z5.0;
N50  G01  Z-8.0  F80.0;
N60  G41  X-36.37  Y35.64  D03  F100.0;      建立刀补
N70  X-31.77  Y18.21;
N80  G03  X-18.24  Y18.17  R7.0;
N90  G01  X-14.8  Y30.92;
N100  Y50.0;
N110  X14.8;
N120  Y30.92;
N130  X18.24  Y18.17;
N140  G03  X31.77  Y18.21  R7.0;
```

```
N150 G01 X36.37 Y35.64;
N160 Y50.0;
N170 G40 Y60.0;
N180 G0 Z10.0;
N190 X50.0 Y-70.0;
N200 G01 Z-8.0 F80.0;
N210 G41 X36.37 Y-35.64 D03 F100.0;
N220 X31.77 Y-18.21;
N230 G03 X18.24 Y-18.17 R7.0;
N240 G01 X14.8 Y-30.92;
N250 Y-50.0;
N260 X-14.8;
N270 Y-30.92;
N280 X-18.24 Y-18.17;
N290 G03 X-31.77 Y-18.21 R7.0;
N300 G01 X-36.37 Y-35.64;
N310 Y-50.0;
N320 G40 Y-60.0;
N330 G0 Z100.0;
N340 M05;
N350 M30;
O0004;                                  精铣直径为32 mm、深度为
                                        8 mm的腔体
N10 G40 G80 G69;                        采用G54坐标系
N20 G90 G54 G00 X0.0 Y0.0 M03           主轴正转,转速为1000 r/min
S1000;
N30 G43 Z100.0 H02;
N40 Z5.0;
N50 G01 Z-8.0 F100.0;
N60 G41 X16.0 D01 F200.0;               建立刀补
N70 G03 I-16.0;
N80 G40 G01 X0.0 Y0.0;                  取消刀补半径补偿
N90 G00 Z100.0;
N100 M05;                               加工R7圆弧
N110 M30;
```

```
O0005;                                  粗铣直径为 16 mm、深度为
                                        13 mm 的腔件及宽度为 8 mm
                                        的十字槽
N130  G40  G80  G69;
N140  G90  G54  G00  X0.0  Y0.0  M03    建立坐标系
S1000;
N150  G43  Z100.0  H03;
N160  Z5.0;
N170  G01  Z-13.0  F50.0;
N180  G41  X8.0  D03  F100.0;           刀具半径补偿
N190  G03  I-8.0;
N200  G40  G01  X0.0  Y0.0;             取消刀具半径补偿
N210  X11.0;                            加工小的十字槽
N220  X-11.0;
N230  X0.0;
N240  Y11.0;
N250  Y-11.0;
N260  Y0.0;
N270  G0 Z100.0;
N280  M05;
N290  M30;                              程序结束
O0006;                                  精加工宽度为 4 mm 的圆环槽
N10  G40  G80  G69;
N20  G90  G54  G0  X0.0  Y0.0  M03      建立坐标系
S1500;
N30  G43  Z100.0  H05;                  刀具长度补偿
N40  Z5.0;
N50  G01  Z-13.0  F100.0;
N60  X14.0  F100.0;
N70  G03  I-14.0;
N80  G01  X0.0  Y0.0;
N90  G0  Z100.0;
N100  M05;
N110  M30;                              程序结束
```

```
O0007;                                       精铣宽度为12 mm的十字槽
N10 G90 G54 G00 X0.0 Y0.0 M03                建立坐标系
S1000;
N20 G43 Z100.0 H04;                          刀具长度补偿
N30 X-6.0 Y60.0;
N40 Z5.0;
N50 G01 Z-5.0 F50.0;
N60 G41 Y50.0 D03 F80.0;                     刀具半径补偿
N70 Y-50.0;
N80 X6.0;
N90 Y50.0;
N100 G40 Y60.0;
N110 G00 Z5.0;
N120 X70.0 Y10.35;
N130 G01 Z-5.0 F50.0;
N140 G41 X60.0 D03 F80.0;
N150 X45.67;
N160 G02 X40.71 Y6.0 R5.0;
N170 G01 X-40.71;
N180 G02 X-45.67 Y10.35 R5.0;
N190 G01 X-60.0;
N200 Y-10.35;
N210 X-45.67;
N220 G02 X-40.71 Y-6.0 R5.0;
N230 G01 X40.71;
N240 G02 X45.67 Y-10.35 R5.0;
N250 G01 X60.0;
N260 G40 X70.0;
N270 G0 Z100.0;
N280 M05;
N290 M30;                                    程序结束
```

任务四 加工中心应用实例

▶▶ 任务引入

零件图如图5-15所示。零件材料为硬铝,毛坯尺寸为80 mm×80 mm×21 mm。请分析加工工艺,确定加工路线及切削参数,并试着编写数控加工程序。

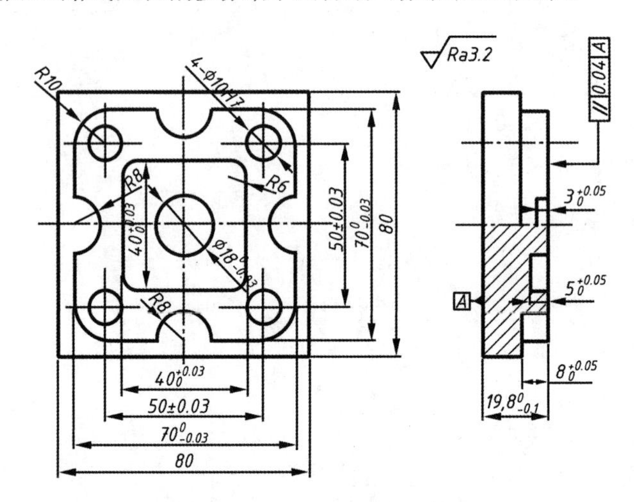

图5-15 加工中心编程零件图

▶▶ 任务目标

- 了解加工中心编程指令的运用方法。
- 掌握加工中心的换刀编程方法。
- 掌握加工中心的编程方法。

▶▶ 必备知识

1. 加工工艺分析

(1) 工具的选择

将工件装夹在平口钳上,用百分表校正钳口,在 *X*、*Y*、*Z* 轴方向用试切法对刀。

(2) 量具的选择

孔间距及轮廓尺寸用游标卡尺测量,孔深、轮廓深用深度游标卡尺测量,4×ϕ10H7 孔用塞规测量。

(3) 刃具的选择

工件上表面铣削用端铣刀,孔加工用中心钻、麻花钻、铰刀,内外轮廓加工用键槽铣刀及立铣刀。

2. 加工工艺方案的选择

首先粗、精加工型腔;然后粗、精加工外轮廓;最后钻孔、铰孔加工。具体工艺路线及切削用量见表5-6。

表5-6 加工工艺参数表

工序号	工艺内容	刀具	主轴转速/(r/min)	进给速度/(mm/min)
1	粗加工40 mm×40 mm、ϕ18 mm型腔	T2 ϕ12 键槽铣刀	800	200
2	精加工40 mm×40 mm、ϕ18 mm型腔	T2 ϕ12 键槽铣刀	1200	300
3	粗加工70 mm×70 mm 外轮廓	T1 ϕ16 键槽铣刀	600	150
4	精加工70 mm×70 mm 外轮廓	T1 ϕ16 键槽铣刀	1000	300
5	4 个半圆弧	T1 ϕ16 键槽铣刀	600	150
6	钻孔	T3 A3 中心钻	1200	60
7	钻孔	T4 ϕ9.8 钻头	800	50
8	铰孔	T5 ϕ10H7 铰刀	350	50

▶▶ 任务实施

1. 参考程序

选择工件中心为工件坐标系 *X*、*Y* 轴原点,工件的上表面为工件坐标系的 *ZO* 平面。

程序如下:

```
O1001;
G91  G28  Z0;
T02  M06;
G90  G54  G00  X0  Y0  M03  S800;
G43  Z100  H02;
X14  Y-14;
```

```
Z5;
G01  Z-5  F50;
G41  X20  Y0  D02  F100;
Y14;
G03  X14  Y20  R6;
G01  X-14;
G03  X-20  Y14  R6;
G01  Y-14;
G03  X-14  Y-20  R6;
G01  X14;
G03  X20  Y-14  R6;
G01  Y14;
X9  Y0;
G02  I-9;
G02  I-9  F200;
G40  X14  Y14;
G00  Z100;
M05;
G91  G28  Z0;
T01  M06;
G90  G54  G00  X0  Y0  M03  S600;
G43  Z100  H01;
X80  Y-35;
Z5;
G01  Z-8  F50;
G41  G01  X70  D01  F150;
X-25;
G02  X-35  Y-25  R10;
G01  Y25;
G02  X-25  Y35  R10;
G01  X25;
G02  X35  Y25  R10;
G01  Y-25;
G02  X25  Y-35  R10;
```

```
G01  X-60;
G40  X-70;
G00  Z10;
X0  Y35;
G01  Z-8  F50;
Y45  F150;
G00  Z5;
X0  Y-35;
G01  Z-8  F50;
Y-45  F150;
G00  Z5;
X35  Y0;
G01  Z-3  F50;
X45  F150;
G0  Z5;
X-35  Y0;
G01  Z-3  F50;
X-45  F150;
G00  Z100;
M05;
G91  G28  Z0;
T03  M06;
G90  G54  X0  Y0  M03  S1200;
G43  Z100  H03;
G81  X25  Y25  Z-3  R5  F60;
X-25;
Y-25;
X25;
G80;
G00  Z100;
M05;
G91  G28  Z0;
T04  M06;
G90  G54  X0  Y0  M03  S800;
```

```
G43  Z100  H04;
G83  X25  Y25  Z-23  R5  Q3  F50;
X-25;
Y-25;
X25;
G80;
G00  Z100;
M05;
G91  G28  Z0;
T05  M06;
G90  G54  G00  X0  Y0  M03  S350;
G43  Z100  H05;
G00  X25  Y25;
Z5;
G01  Z-25  F50;
G01  Z5;
G00  X-25  Y25;
G01  Z-25;
G01  Z5;
G00  X-25  Y-25;
G01  Z-25;
G01  Z5;
G00  X25  Y-25;
G01  Z-25;
G01  Z5;
G00  Z100;
M05;
M30;
```

2. 零件检验

加工零件结束后,要进行尺寸检测。将检测结果写在评分表中(表5-7)。

表 5-7　评分表

零件图号		图 5-15		总得分			
项目与配分		序号	技术要求	配分	评分标准	检测记录	得分
工件加工评分（80%）	外形轮廓（44 分）	1	$70^{0}_{-0.03}$,2 处	8	一处 4 分,超差不得分		
		2	$\phi18^{0}_{-0.03}$	8	超差 0.01 扣 2 分		
		3	$19.8^{0}_{-0.1}$	3	超差 0.01 扣 2 分		
		4	$8^{+0.05}_{0}$	5	超差 0.01 扣 2 分		
		5	$3^{+0.05}_{0}$	5	超差 0.01 扣 2 分		
		6	平行度 0.04	6	超差 0.01 扣 2 分		
		7	$R10$、$R8$	4	每错一处扣 1 分		
		8	$Ra3.2$	5	超差一处扣 1 分		
	内轮廓与孔（31 分）	9	$40^{+0.03}_{0}$,2 处	8	一处 4 分,超差不得分		
		10	$5^{+0.05}_{0}$	5	超差 0.01 扣 2 分		
		11	孔距 50 ±0.03,4 处	4	一处 1 分,超差不得分		
		12	$\phi10H7$,4 处	12	一处 3 分,超差不得分		
		13	$Ra3.2$	2	超差一处扣 1 分		
	其他（5 分）	14	工件按时完成	3	未按时完成全扣		
		15	工件无缺陷	2	缺陷一处扣 2 分		
程序与工艺（10%,10 分）		16	程序正确合理	5	每错一处扣 2 分		
		17	加工工序卡	5	不合理每处扣 2 分		
机床操作（10%,10 分）		18	机床操作规范	5	出错一次扣 2 分		
		19	工件、刀具装夹	5	出错一次扣 2 分		
安全文明生产（倒扣分）		20	安全操作	倒扣	安全事故停止操作,酌情扣 5 ~ 30 分		
		21	机床整理	倒扣	安全事故停止操作,酌情扣 5 ~ 30 分		

任务五　椭圆零件的加工

▶▶ 任务引入

椭圆曲面类零件如图 5-16 所示。毛坯尺寸为 110 mm × 100 mm × 50 mm，材料为 45 号钢。采用调质处理，且六面已被加工完毕。请设计该零件加工工艺并编写程序。

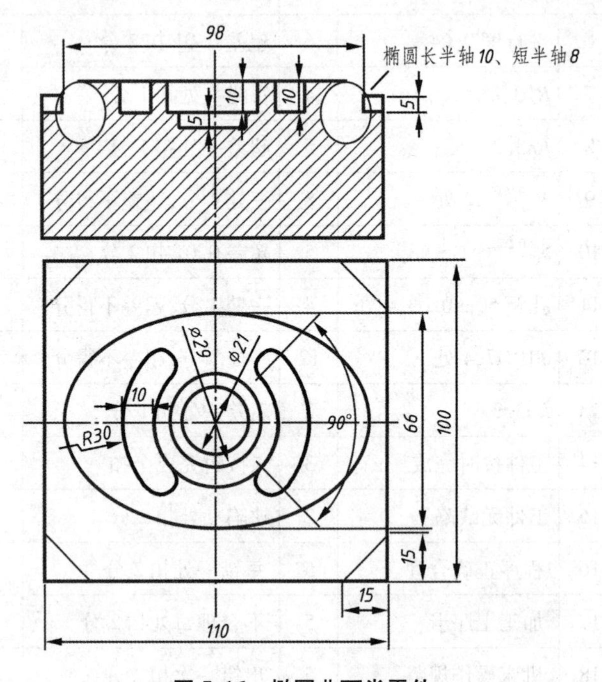

图 5-16　椭圆曲面类零件

▶▶ 任务目标

- 掌握变量的含义。
- 掌握宏程序的含义。
- 掌握椭圆的公式。
- 掌握宏程序语句的编程方法。

必备知识

1. 工艺分析

(1) 确定零件的装夹方式

采用普通台虎钳装夹。

(2) 确定加工顺序

具体加工顺序为：先加工椭圆，然后加工中心阶梯圆和四个倒角，最后加工两个圆弧槽。

(3) 选择刀具

① 用 ϕ16 mm 立铣刀加工外轮廓。

② 用 ϕ8 mm 立铣刀加工圆弧槽。

(4) 编制数控加工工序卡片

椭圆曲面零件的数控加工工序卡片如表 5-8 所示。

表 5-8　椭圆曲面零件的数控加工工序卡片

单位名称	数控加工工序卡片		产品名称或代号		零件名称		零件图号
	程序编号				椭圆曲面零件		
工序号			夹具名称		使用设备		车间
			平口虎钳		FANUC 0i 数控铣		
工步号	工步内容	刀具号	刀具规格	主轴转速/(r/min)	进给速度/(mm/min)	背吃刀量/mm	备注
1	粗铣椭圆	T01	ϕ16 mm 立铣刀	800	200	2	留余量 0.2 mm
2	精铣椭圆	T01	ϕ16 mm 立铣刀	1000	100	0.2	加工到要求尺寸
3	粗铣倒椭圆	T01	ϕ16 mm 立铣刀	800	200	2	留余量 0.2 mm
4	精铣倒椭圆	T01	ϕ16 mm 立铣刀	1000	100	0.2	加工到要求尺寸
5	粗铣阶梯孔	T1	ϕ16 mm 立铣刀	800	200	2	留余量 0.2 mm
6	精铣阶梯孔	T01	ϕ16 mm 立铣刀	1000	100	0.2	加工到要求尺寸
7	粗铣四个角	T01	ϕ16 mm 立铣刀	800	200	2	留余量 0.2 mm
8	精铣四个角	T01	ϕ16 mm 立铣刀	1000	100	0.2	加工到要求尺寸
9	粗铣两个圆弧槽	T02	ϕ8 mm 立铣刀	800	100	2	留余量 0.2 mm
10	精铣两个圆弧槽	T02	ϕ8 mm 立铣刀	1000	100	0.2	加工到要求尺寸
编制		审核		批准	年　月　日	共　页	第　页

2. 宏程序学习

(1) FANUC 宏程序的构成

① 包含变量。

② 包含算术或逻辑运算(=)的程序段。

③ 包含控制语句(例如,GOTO,DO…END)的程序段。

④ 包含宏程序调用指令(G65、G66、G67 或其他 G 代码,M 代码调用宏程序)的程序段。

(2) FANUC 宏程序的变量

FANUC 宏程序变量表示形式为:#加 1 ~4 位数字。变量种类有四种,如表 5-9 所示。

表 5-9 FANUC 数控系统变量表

变量号	变量类型	功能
#—#33	局部变量	局部变量只能用在宏程序中存储数据,如运算结果。当断电时,局部变量被初始化为空,调用宏程序时自变量对局部变量赋值
#100 ~ #199 #500 ~ #999	公共变量	公共变量在不同的宏程序中的意义相同。当断电时变量#100 ~ #199 初始化为空变量,#500 ~ #999 的数据即使断电也不丢失
#1000	系统变量	系统变量用于读和写 CNC 运行时各种数据的变化,如刀具的当前位置和补偿值等

(3) FANUC 宏程序运算符

FANUC 宏程序运算符如表 5-10 所示。

表 5-10 FANUC 宏程序运算符

功能	格式	备注
定义	#i = #j	
加法	#i = #j + #k	
减法	#i = #j - #k	
乘法	#i = #j * #k	
除法	#i = #j/#k	
正弦	#i = SIN[#j]	角度以度指定,如 90°30′表示为 90.5 度
反正弦	#i = ASIN[#j]	
余弦	#i = COS[#j]	
反余弦	#i = ACOS[#j]	
正切	#i = TAN[#j]	
反正切	#i = ATAN[#j]	
平方根	#i = SQRT[#j]	

续表

功能	格式	备注
绝对值	#i = ABS[#j]	
舍入	#i = ROUND[#j]	
上取整	#i = FIX[#j]	
下取整	#i = FUP[#j]	
自然对数	#i = LN[#j]	
指数函数	#i = EXP[#j]	
或	#i = #j OR #k	逻辑运算一位一位地按二进制数执行
异或	#i = #j XOR #k	
与	#i = #j AND #k	
从 BCD 转为 BIN	#i = BIN[#j]	用于与 PMC 的信号交换
从 BIN 转为 BCD	#i = BCD[#j]	

(4) FANUC 宏程序的转移和循环语句

① 无条件转移。语句的格式如下：

```
GOTO  n;                    n 为顺序号,n =1 ~99999
```

例如,GOTO　10 为程序转移到 N10 程序段。

② 条件转移(IF 语句)。语句格式如下：

```
IF[条件表达式]GOTO  n;
```

当指定的条件表达式满足时,系统转而执行标有顺序号 n 的程序段。当指定的条件表达式不满足时,系统执行下一个程序段,如图 5-17 所示。

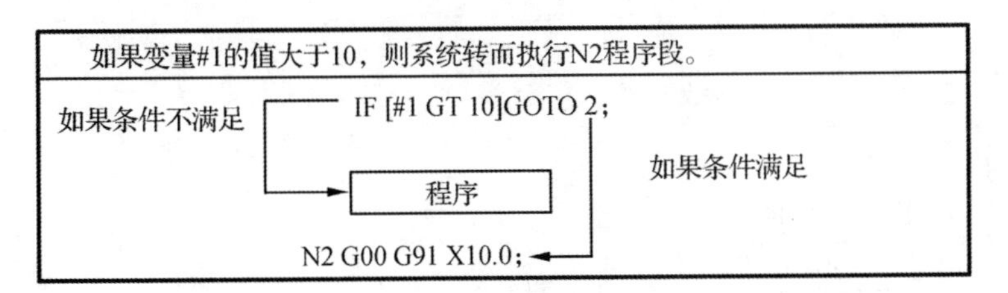

图 5-17　条件转移语句

说明：

① 条件表达式。条件表达式必须包括算符。算符插在两个变量中间或变量和常数中间，并且用括号([ ])封闭。表达式可以替代变量。

② 运算符。运算符由两个字母组成，用于比较两个值，以决定它们是相等还是一个值小于或大于另一个值。注意，不能使用不等符号。

③ 循环(WHILE 语句)。

在 WHILE 后指定一个条件表达式，当指定条件满足时，系统执行 DO 和 END 之间的程序；否则，系统转而执行 END 后的程序段，如图 5-18 所示。

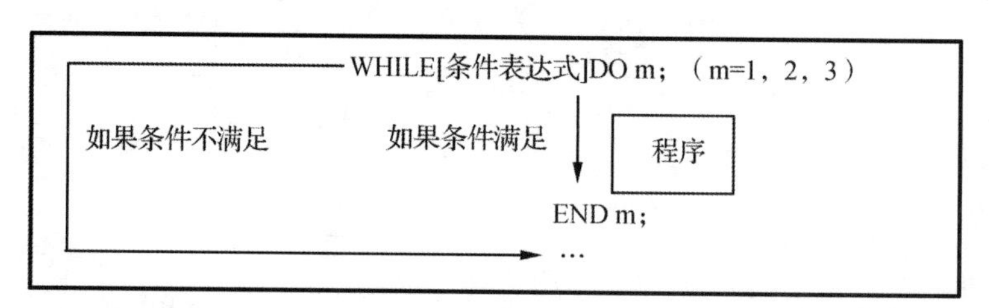

图 5-18　循环语句

说明：

① 当指定的条件满足时，系统执行从 DO 到 END 之间的程序；否则，转而执行 END 之后的程序段。这种指令格式适用于 IF 语句。DO 后的号和 END 后的号是指定程序执行范围的标号，标号值为 1、2、3。若用 1、2、3 以外的值，系统会出现 P/S 报警 No. 126。

② 循环嵌套：在 DO…END 循环中的标号(1 ~ 3)可根据需要多次使用，但是，当程序有交叉重复循环(DO 范围的重叠)时，系统会出现 P/S 报警 No. 124，如图 5-19、图 5-20 所示。

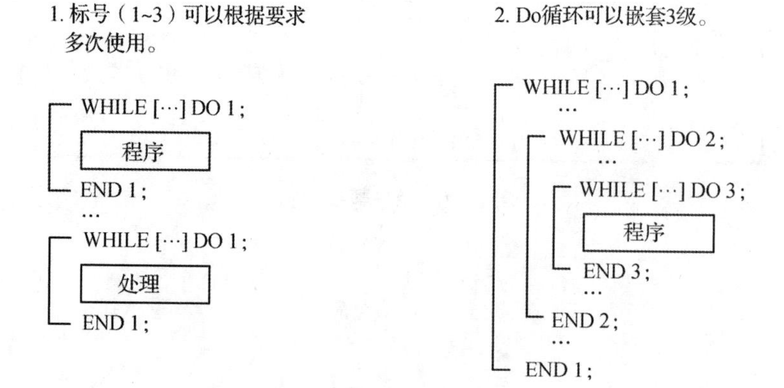

图 5-19　循环嵌套 I

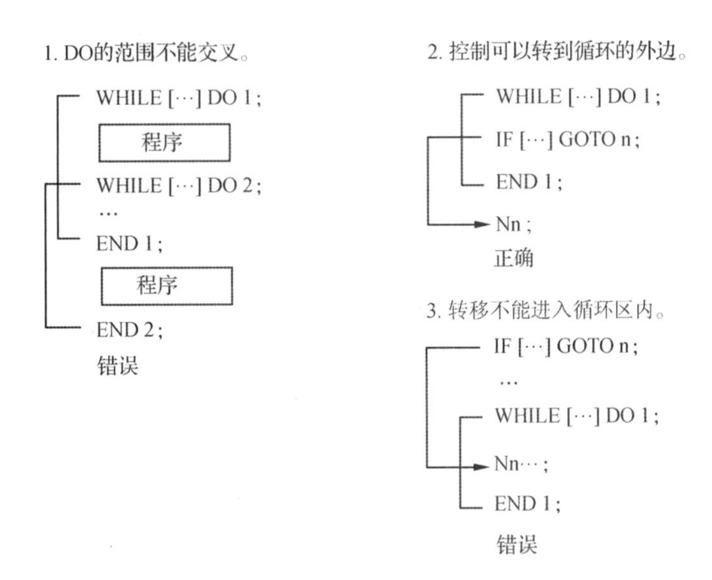

图 5-20 循环嵌套 Ⅱ

▶▶ 任务实施

加工如图 5-21 所示的半圆球。

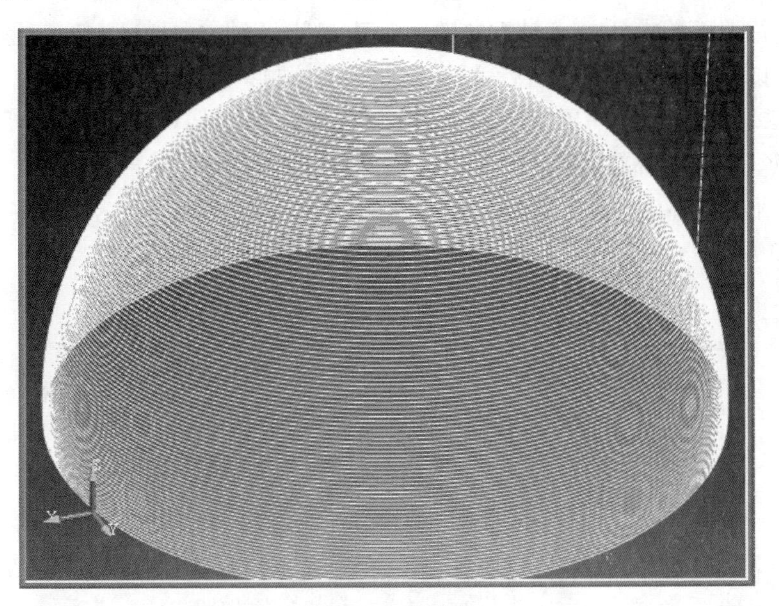

图 5-21 半圆球

方法一:从下往上进行加工,在当前角度时进行加工,铣一个整圆,之后改变上升的高度和加工当前角度的圆半径。

程序如下:

```
O0003;
G90  G0  X-10.0  Y0.0  Z54.0  M3  S4500.0;
G43  Z50.0  H01  M8;
#1=0.5;
WHILE[#1LE50.0]DO  1;
#2=50.0 - #1;
#3=SQRT[2500.0 -[#2 * #2]];
G1  Z- #1  F20.0;
X- #3  F500.0;
G2  I#3;
#1=#1 +0.5;
END1;
G0  Z50.0  M5;
M30;
```

方法二：本例采用球刀从下往上进行加工。先在半球底部铣整圆，之后抬高 *Z* 轴并改变上升后整圆的半径。半球的加工主要控制的是每次 *Z* 轴上升的尺寸。这里通过控制半球的角度来控制 Z 轴的变化（主要控制#4 就可以了）。由此可见，加工半球的宏程序只需要一层表达式，就是只需要每次角度变化后的 *Z* 轴的高度，以及 *X* 轴方向的尺寸（半球的半径从下往上逐渐减小）。*X* 轴方向增量为#7 变量，*Z* 轴方向增量为#8 变量。#7、#8 变量的值都可以根据#4 变量的值进行计算，因此只要控制#4 变量就可以了。

球加工的宏程序采用一层循环，控制角度的变化。角度从 0°增加到 90°后，一个半球即加工好了。每次增加 2°。

程序如下：

```
O0001;                      程序号
#1 =SR;                     SR 为球半径
#2 =D;                      D 为刀具半径
#12 =#1 + #2;               刀具中心的走刀轨迹
#4 =0;                      起始角度
#17 =2;                     角度每次的变化量
#5 =90;                     角度变化的终止值
G90  G54  G40  G49;         对加工进行设置，绝对坐标编程，取
                            消补偿
G00  X0  Y0  Z30;           主轴到达要求位置
S500  M03;                  主轴正转，转速为 500 r/min
X#12;                       X 轴方向到达加工位置
Z10;                        Z 轴快速下刀
```

G01 Z－#1 F80;	Z 轴下到 Z 轴方向加工开始位置
WHILE[#4LE#5] DO 1;	判断角度,如果角度没有达到90度,就执行循环一
#6＝#2COS[#4];	在当前角度时的 X 轴方向尺寸,即在该角度时的圆半径
G90 G17 G03 I－#6 F150;	用在该角度时的半径进行加工
#7＝#12＊{COS[#4＋#7]－COS[#4]};	计算增加角度后的 X 轴方向增量
#8＝#12＊{SIN[#4＋#7]－SIN[#4]};	计算增加角度后的 Z 轴方向增量
G01 G18 G02 X#7 Y#8 R#12;	用相对坐标移动刀具至增加后的坐标值
#4＝#4＋#17;	计算角度
END1;	循环结束
G00 Z50;	Z 轴抬刀
M30;	程序结束

项目六 CAD/CAM 技术

任务一 CAD/CAM 基本操作

任务引入

CAD/CAM 技术被视为20 世纪最杰出的工程技术成就之一。其应用水平已成为衡量一个国家科学技术发展和工业现代化程度的重要标志。本课程是关于机械 CAD/CAM 技术的实验实训教学内容。通过本课程学习,学生能掌握机械 CAD/CAM 技术的基本理论知识,掌握 CAD/CAM 系统的使用方法,较熟练地运用一种 CAD/CAM 系统进行三维参数化建模,进行一般的产品机械结构设计,开展工艺分析,完成复杂零件的数控自动编程和数控仿真。

任务目标

- 理解 CAD/CAM 的基本含义。
- 掌握 CAD/CAM 的基本操作流程。
- 掌握使用 UG NX 8.0(以下简称“UG 软件”)进行计算机辅助设计与制造的基本方法。

必备知识

1. CAD/CAM 基础理论

(1) CAD 建模基本理论

CAD 建模基本理论:CAD 建模中的图形学基础,CAD 图形几何变换理论基础,CAD/CAM 技术中的曲线、曲面理论,CAD 建模技术中的线框建模、曲面建模、特征建模、参数化与变量化设计技术、装配建模技术等。

（2）UG 软件基础入门和基本界面操作

UG 软件基础入门和基本界面操作：UG Gateway、文件操作、菜单和鼠标操作、视图管理和布局、坐标系、图层管理、零件导航器、几何体移动和变化。

（3）UG 软件线框建模

UG 软件线框建模：曲线绘图、草图功能。

（4）UG 软件实体建模及特征建模

UG 软件实体建模及特征建模：CSG 基本体素造型（块、圆柱、圆锥、球）和布尔运算（并、差、交）、扫描法实体造型、特征建模[孔、圆台、型腔、凸台、键槽、沟槽、抽壳、倒圆、倒角、面倒圆、拔锥、螺纹、引用（阵列）、剪裁实体]。

基准特征包括基准平面、基准轴、参考点等。

（5）CAD 曲面建模

CAD 曲面建模：通过点、通过控制点、通过云点、直纹面、通过线、通过两组正交曲线、扫掠面、二次曲面、延伸面、偏置面、搭桥、剪裁面、多个曲面整合为一个面、两个面的倒圆等。

2. 数控加工程序的生成及加工过程仿真

数控加工程序的生成及加工过程仿真：CAM 技术的基本概念、数控加工环境的初始化、数控加工的基本概念和操作（包括加工坐标系，创建程序组、刀具组、几何体组和方法组等父级组，操作导航器等）、平面铣、型腔铣、固定轴轮廓铣、数控后处理器等。

▶▶ 任务实施

CAD/CAM 操作流程见图 6-1。

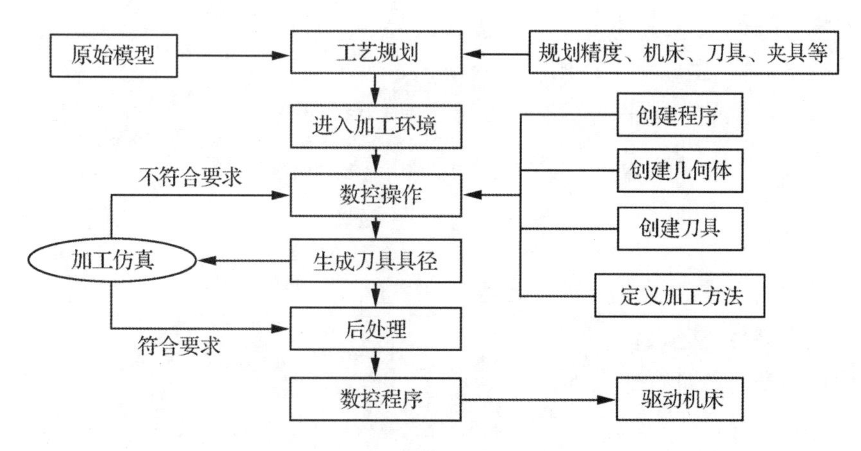

图 6-1 CAD/CAM 操作流程

1. CAD/CAM 具体操作方法

（1）创建几何体。

（2）创建刀具。

（3）创建加工方法。

（4）创建操作。

2. 实际操作

要求：

① 进入操作界面，熟悉软件操作。

② 创建几何体，创建程序，创建刀具，创建操作。

任务二　平面零件数控加工

▶▶ 任务引入

以 UG 软件完成调整架的三维造型及仿真加工。内容包括：首先，根据调整架的结构特点和技术要求，在对其进行加工工艺分析之后，确定零件的加工方法。其次，利用 UG/CAD 模块完成零件几何体的参数化建模。在此基础上，利用 UG/CAM 模块进行数控编程，设计加工路线、刀具轨迹、切削方式等工艺参数，生成零件的数控（NC）程序。

▶▶ 任务目标

- 熟练掌握平面零件建模、加工的方法。
- 掌握平面铣、型腔铣工序的操作步骤。
- 能够对常见的基本平面类零件进行建模、仿真加工。

▶▶ 任务分析

- 灵活使用软件进行零件的三维建模。
- 对零件进行工艺设计。
- 使用典型工具进行仿真加工。

▶▶ 任务实施

1. 型腔铣加工仿真

使用 UG 软件加工如图 6-2 所示的零件。

(1) 进入加工环境

单击“开始”→“加工”，切换到加工环境。如果是第一次进入加工环境，那么软件将弹出“加工环境”对话框，如图 6-3 所示。

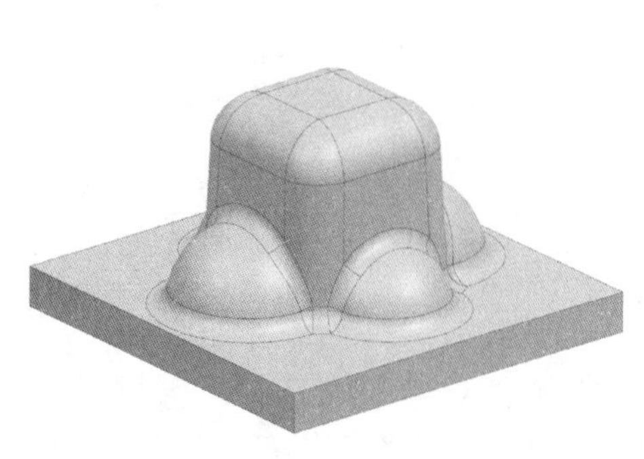

图 6-2 CAM 实例 1

图 6-3 “加工环境”对话框

(2) 建立机床坐标系

完成加工环境初始化后，在“导航器”工具栏中单击“几何视图”图标，切换视图为“几何视图”模式。双击导航器中的“MCS_MILL”图标，弹出“Mill Orient”对话框，指定零件上顶面作为 MCS，建立机床坐标系。

(3) 创建几何体

在“几何视图”中双击“WORKPIECE”图标，在弹出的“铣削几何体”对话框中单击“指定部件”按钮，选取模型文件，然后单击“确定”按钮，返回“铣削几何体”对话框。单击“指定毛坯”按钮，在弹出的对话框中选择类型为“包容块”，单击“确定”按钮，返回“铣削几何体”对话框。再单击“确定”按钮，退出“铣削几何体”对话框。

(4) 创建刀具

单击“创建刀具”按钮，弹出“创建刀具”对话框，如图 6-4 所示，将刀具名称改为 D12，单击“确定”按钮。在弹出的图 6-5 所示对话框中修改默认铣刀参数。

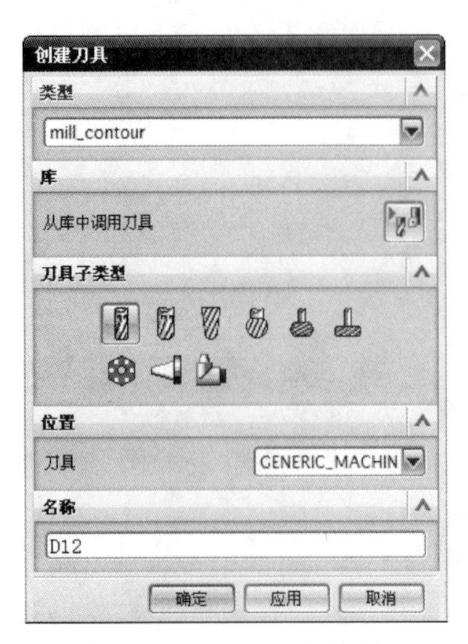

图 6-4 “创建刀具”对话框

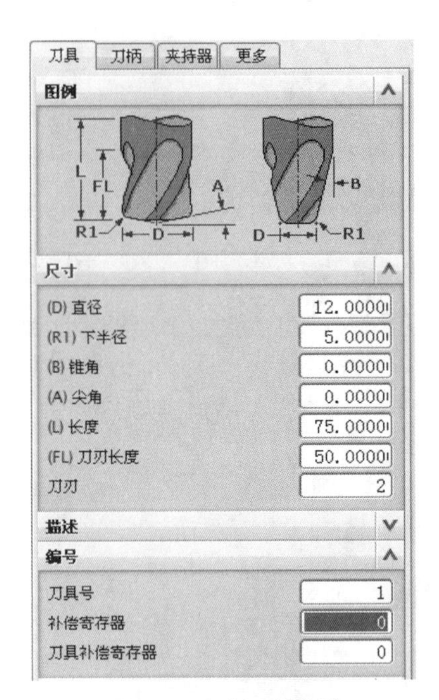

图 6-5 定义刀具参数

(5) 创建方法

单击“创建方法”按钮,弹出“创建方法”对话框。在“方法子类型”中选择“MILL_METHOD”图标,在“方法”下拉列表中选择“MILL_ROUGH”,将名称改为“MILL_METHOD_ROUGH”,如图 6-6 所示,单击“确定”按钮。在弹出的“铣削方法”对话框中设置粗加工参数,如图 6-7 所示。单击“确定”按钮,接受所设定的参数,并退出对话框。

图 6-6 “创建方法”对话框

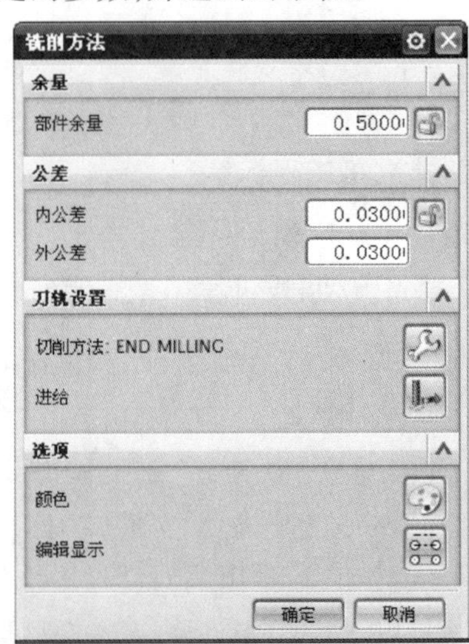

图 6-7 设置铣削参数

(6) 创建工序

单击“创建工序”按钮,弹出“创建工序”对话框,如图 6-8 所示。选择“程序”“刀具”

“几何体”“方法”后单击“确定”按钮。在弹出的“型腔铣”对话框中,根据加工要求和零件特点,在“刀轨设置”“机床控制”等选项组中进行工艺设置,如图 6-9 所示,然后单击“生成” 按钮,生成刀具路径,并单击“确认”按钮 ,以实体方式进行加工切削仿真。经过验证如果刀具路径没有问题,即可进行相应的后处理,生成加工代码。

图 6-8　“创建工序”对话框

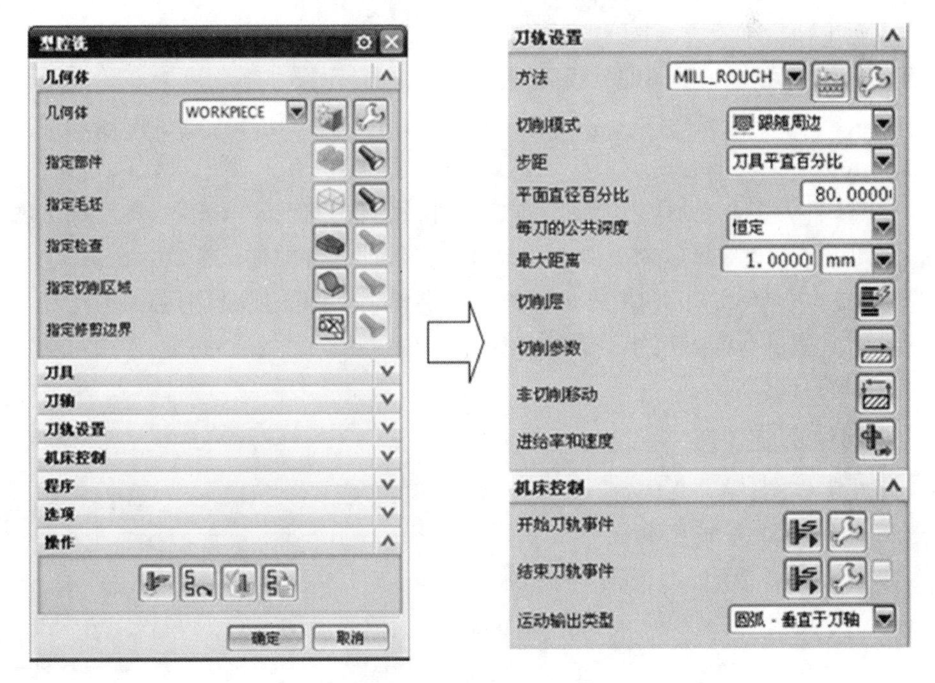

图 6-9　型腔铣工艺设置

2. 复杂零件 CAM 仿真

零件为一个模具零件实体模型,如图 6-10 所示。材料为 45 号钢,毛坯为 135 mm × 135 mm × 55 mm 毛坯料。法兰盘上、下两面相同,顶表面有型腔,底表面有球面,侧面也有腔体构造,并且有加强筋。顶表面与底表面都有孔,在型腔里有螺纹孔、沉头孔。

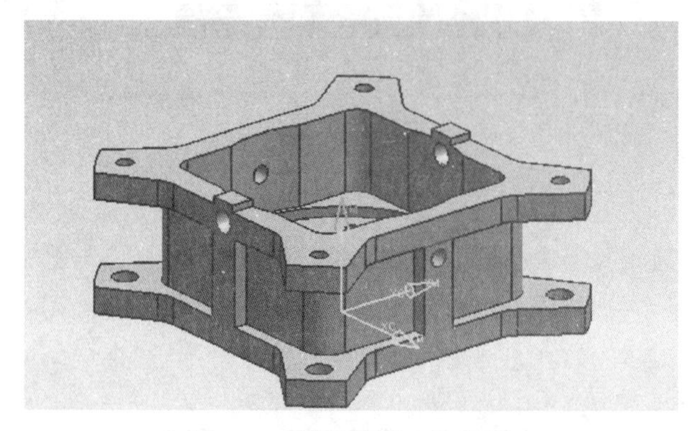

图 6-10 模具零件实体模型

(1) 整体分析

零件较为规整,零件材料为 45 号钢,以平整立方体为毛坯。

(2) 加工方法分析

① 加工材料为 45 号钢,较难加工。切削层厚度应该小些。在此次加工中,切削层厚度定为 0.3 mm,进给速度也该慢些。

② 由于主轴转速较快,因此我们采用硬质合金刀具加工零件。先进行粗加工。选择型腔铣削,采用直径为 16 mm 的立铣刀进行分层加工(每层加工深度为 0.3 mm)。然后进行半精加工。最后进行精加工,将曲面和底面分开加工。精加工曲面时采用等高轮廓铣,精加工底面时采用平面铣。

由于此零件为一个规则体类零件,在加工时,我们先加工外形轮廓,然后加工底面的球面部分、顶面的型腔,最后加工侧面的部分。由于此零件的加工需要六次装夹,故在编程时需要建立六个坐标系。如果将坐标原点分别置于零件的顶面,则会因为毛坯高度尺寸不一致,导致基准台高度尺寸不准确。只要毛坯高度大于零件的高度,多余材料就会在加工过程中被自动切除。

3. 创建面的加工工序

① 打开零件图,单击“开始”图标,选择“加工”选项,按图 6-11 所示设置加工环境。

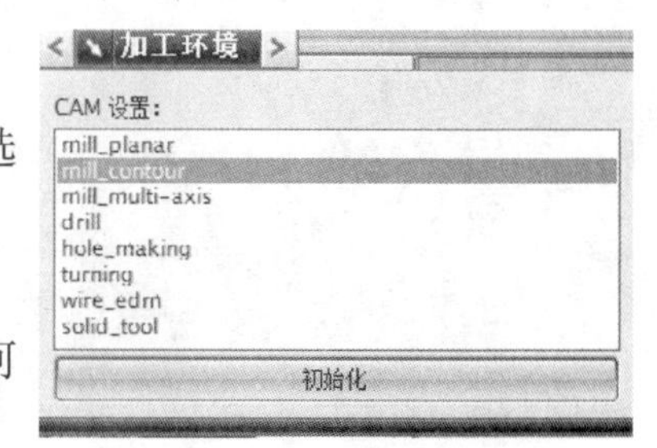

图 6-11 设置加工环境

② 定义新的加工坐标系、安全平面和工件。

a. 单击“几何视图”图标,操作导航器显示几何视图。

b. 单击“创建几何体”图标,弹出相应的对话框,如

图 6-12 所示，单击“确定”按钮，弹出“MCS”对话框，如图 6-13 所示。

图 6-12 “创建几何体”对话框

图 6-13 “MCS”对话框

c. 单击“自动判断”按钮，选择基准面，加工坐标系会自动定位到此面中心。

d. 设置“安全设置选项”为“平面”，单击零件上表面，设置偏置值为“30”，并确定返回。

e. MCS 最后生成的加工坐标系如图 6-14、图 6-15 所示。用同样方式设置其他加工坐标系。

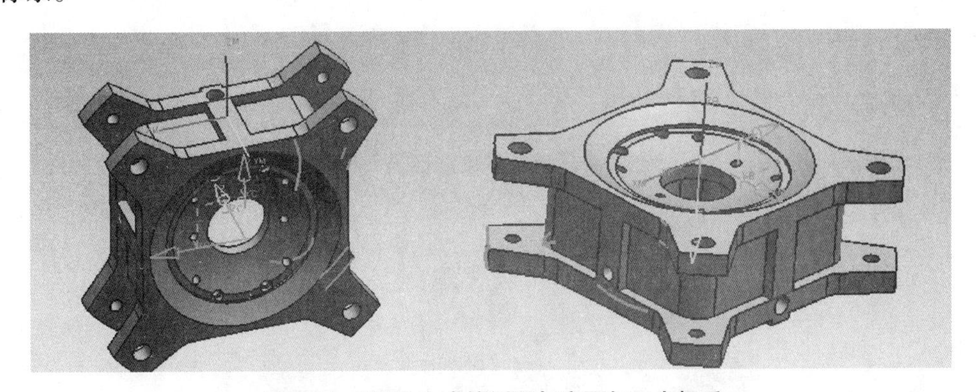

图 6-14 MCS 生成的侧面与底面加工坐标系

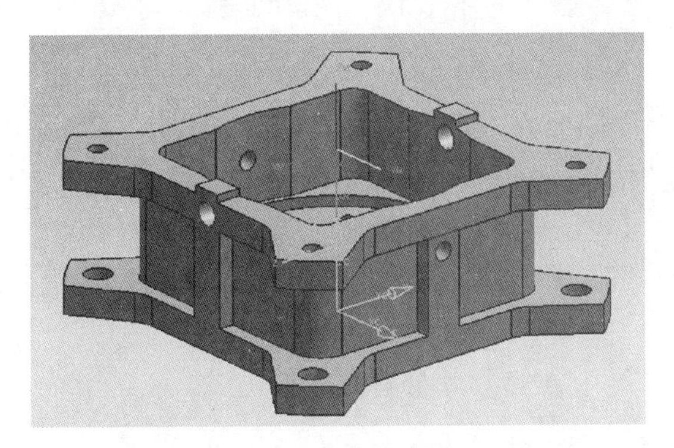

图 6-15 MCS 生成的顶面加工坐标系

f. 双击“WORKPIECE”,弹出“工件”对话框,如图 6-16 所示,选择工件为指定部件。单击“指定毛坯”图标,弹出相应对话框,按图 6-17 所示设置。

图 6-16 “工件”对话框

图 6-17 “毛坯几何体”对话框

g. 最后的工件和毛坯如图 6-18 所示,单击“确定”完成定义。

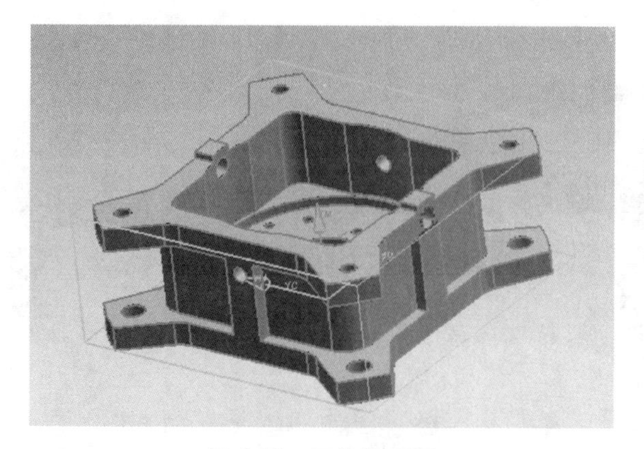

图 6-18 工件和毛坯

③ 创建刀具。

a. 单击“创建刀具”按钮,在“创建刀具”对话框中设置子类型,并输入刀具名称,如图 6-19 所示,单击“确定”按钮。

b. 在弹出的“Milling Tool-5 Parameters”对话框中输入刀具直径,然后单击“确定”按钮,如图 6-20 所示。

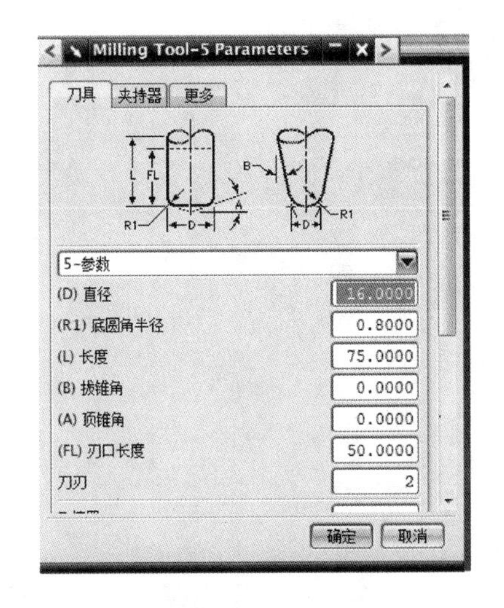

图 6-19　设置刀具类型　　　　图 6-20　设置刀具直径

c. 依照上述方法对加工所需要的刀具都进行定义，如图 6-21 所示。

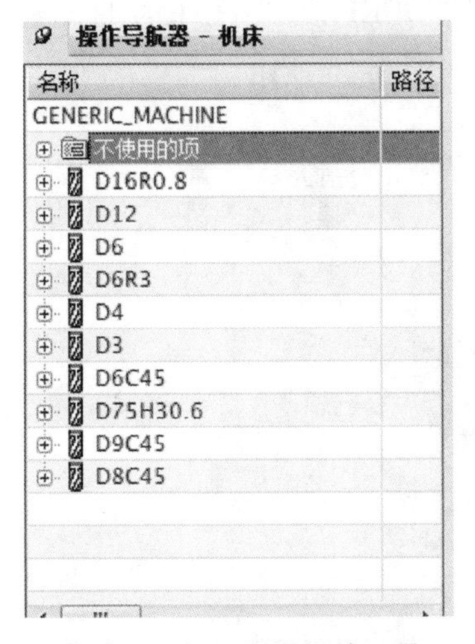

图 6-21　加工所需要的刀具　　　　图 6-22　“创建程序”对话框

④ 创建程序正面 NC1 并创建正面操作。

顶面的生成及型腔的刀轨和仿真的生成：

a. 单击“创建程序”按钮，弹出“创建程序”对话框（图 6-22），按图中所示设置，单击“确定”按钮。

b. 单击“创建操作”按钮，弹出“创建操作”对话框（图 6-23），按图中所示设置，单击“确定”按钮后，弹出“型腔铣”对话框，如图 6-24 所示。

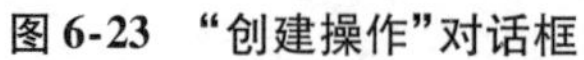
图 6-23 “创建操作”对话框

图 6-24 “型腔铣”对话框

c. 在“型腔铣”对话框的界面上，选择几何体为“WORKPIECE”，使程序自动选择定义好的部件及毛坯。单击“切削层”图标，设置切削层，如图 6-25 所示。

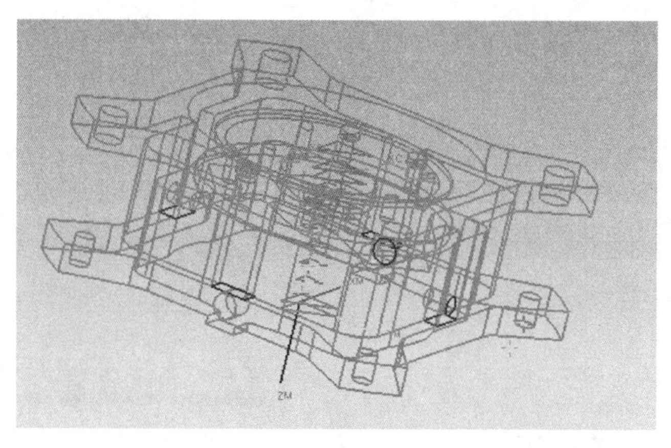

图 6-25 切削层的选择

d. 单击“切削参数”按钮，弹出“切削参数”对话框，在“策略”选项卡下，按图 6-26 所示设置。在“余量”选项卡下将底部余量设置为“0.15”，单击“确定”按钮返回。

e. 单击“非切削移动”按钮，弹出“非切削移动”对话框，按图 6-27 所示设置。

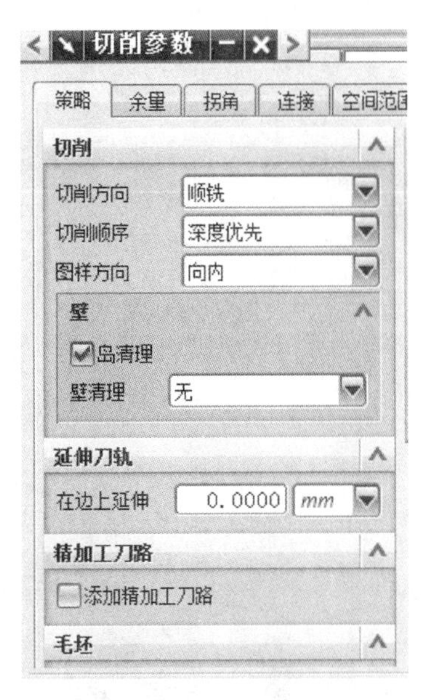

图 6-26　“策略”设置

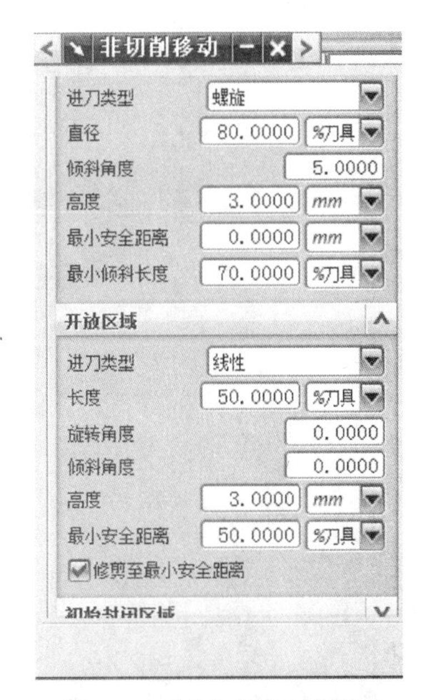

图 6-27　“非切削移动”设置

f. 单击“进给和速度”按钮，设置主轴速度为“2200”，进给率为“500”，进刀为“500”，单击“确定”按钮返回。

g. 单击“生成”，并确认刀轨，单击“确定”按钮返回。最后生成刀轨并进行仿真，如图 6-28 所示。

h. 孔的加工在每次夹装铣削时同步完成。这里不做介绍。

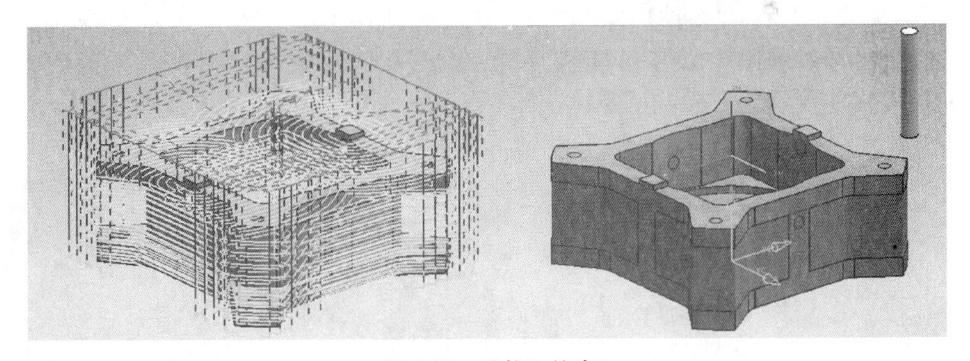

图 6-28　刀轨和仿真

⑤ 创建程序反面 NC2 并创建反面操作。

底面的外形加工及球面的刀轨和仿真的生成：

a. NC2 的基本参数设置方法与 NC1 的相同。

b. 在选择 MCS 加工坐标系时，选择如图 6-29 所示坐标系。

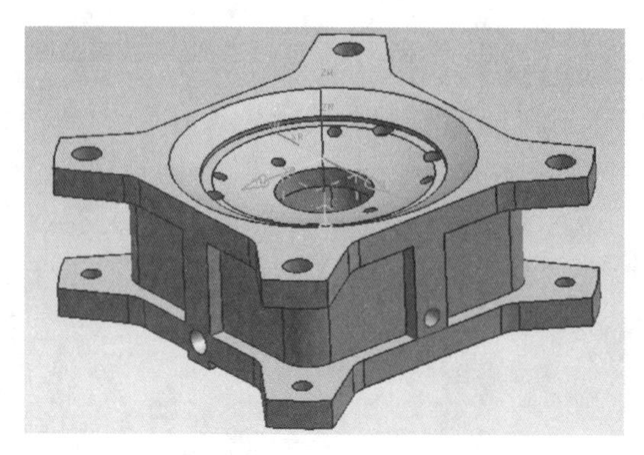

图 6-29　加工坐标系

c. 最后生成刀轨并进行仿真,如图 6-30 所示。

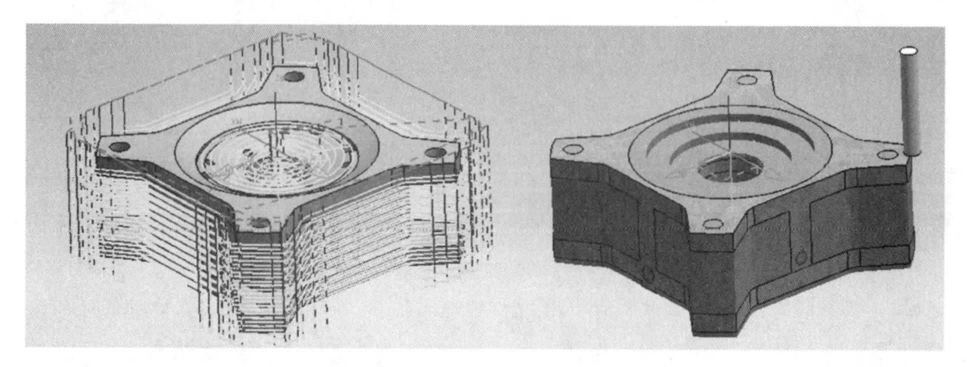

图 6-30　生成刀轨及仿真加工

d. 球面的加工采用曲面加工,基本设置如图 6-31 所示。在"切削参数"对话框的"多条刀路"选项卡中,按图 6-32 所示设置,单击"确定"按钮返回。

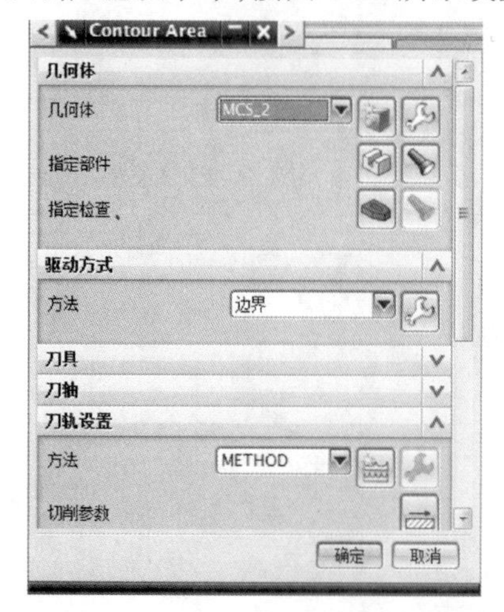

图 6-31　球面加工的界面及基本设置

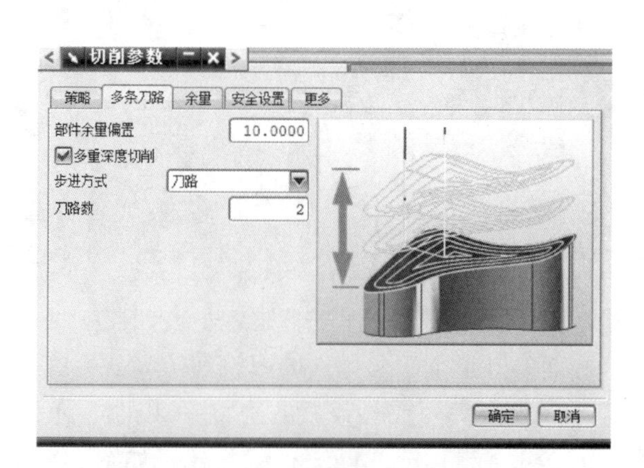

图 6-32　切削参数的设定

e. 最后生成刀轨并进行仿真,如图 6-33 所示。

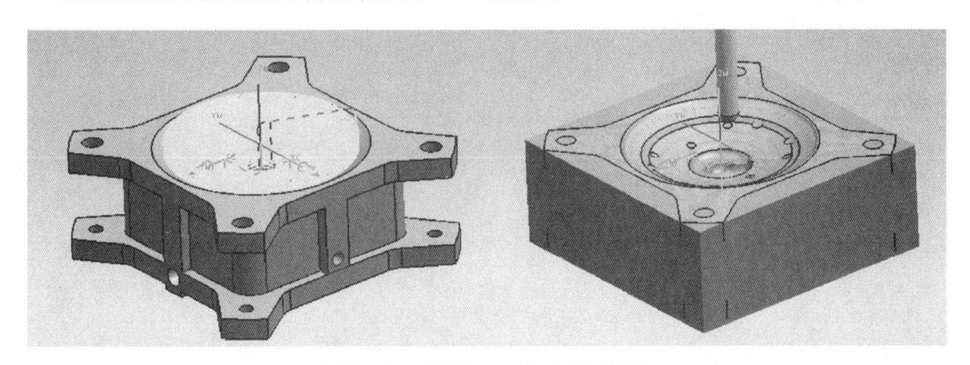

图 6-33　球面加工的刀轨及仿真

f. 球面上环形槽的加工使用面铣就可以完成,设置方法如图 6-34 所示。

g. 单击“生成”,并确认刀轨,单击“确定”按钮,生成加工环形槽的刀轨,如图 6-35 所示。

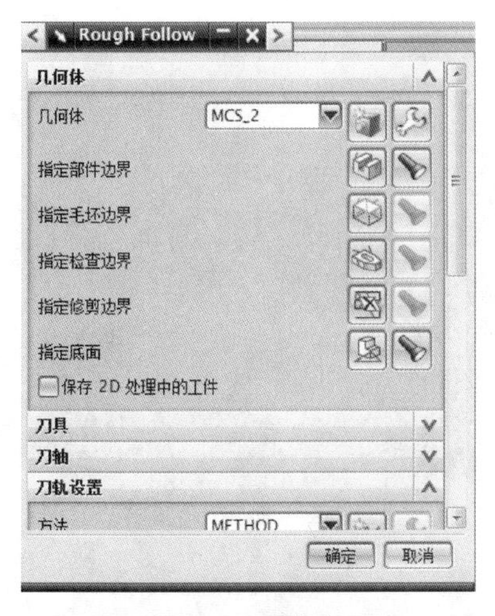

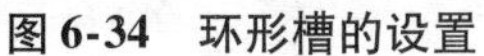

图 6-34　环形槽的设置

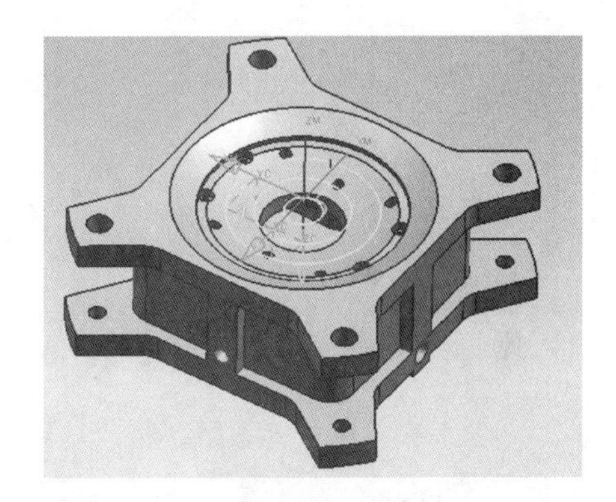

图 6-35　加工环形槽的刀轨

h. 孔的加工在夹装时同步完成。这里不做介绍。

⑥ 创建程序侧面 NC3 并创建侧面操作。

生成侧面的加工刀轨和仿真加工:

a. 基本步骤与上述 NC1 和 NC2 的相似。

b. 同样采用型腔铣的方式,基本设置如图 6-36 所示。

c. 在切削层的设定中,选择零件一半为加工层,如图 6-37 所示。

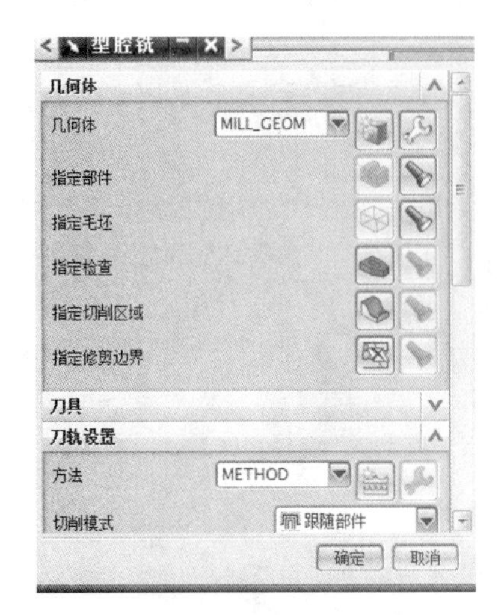

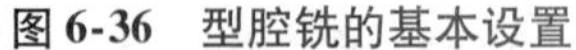

图 6-36 型腔铣的基本设置

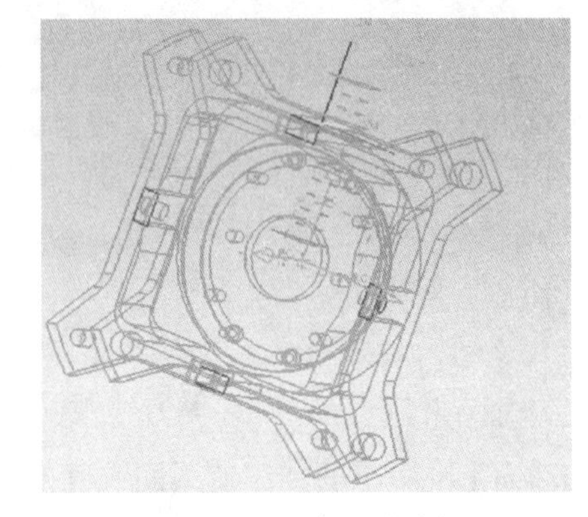

图 6-37 切削层的选择

d. 调整切削参数和非切削参数、进给和速度。

e. 生成刀轨及进行仿真,如图 6-38 所示。

f. 最后调整全局步进为“0.6”,进行精加工,保证各部分的精度。

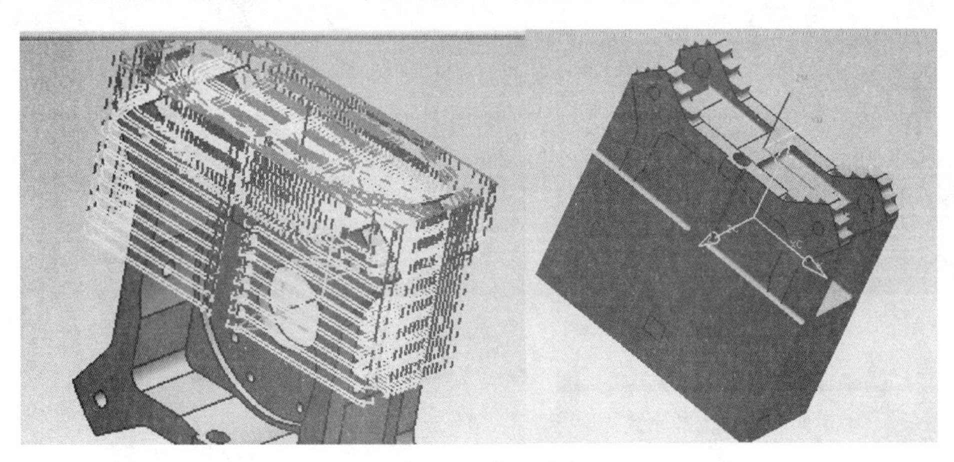

图 6-38 刀轨及仿真

g. 由于侧面 NC4、NC5、NC6 的加工步骤与 NC3 的基本相同,只需要调整加工坐标系,所以这里不再单独说明。

▶▶ 任务拓展

加工仿真出图 6-39 所示的圆柱凸台和型腔。

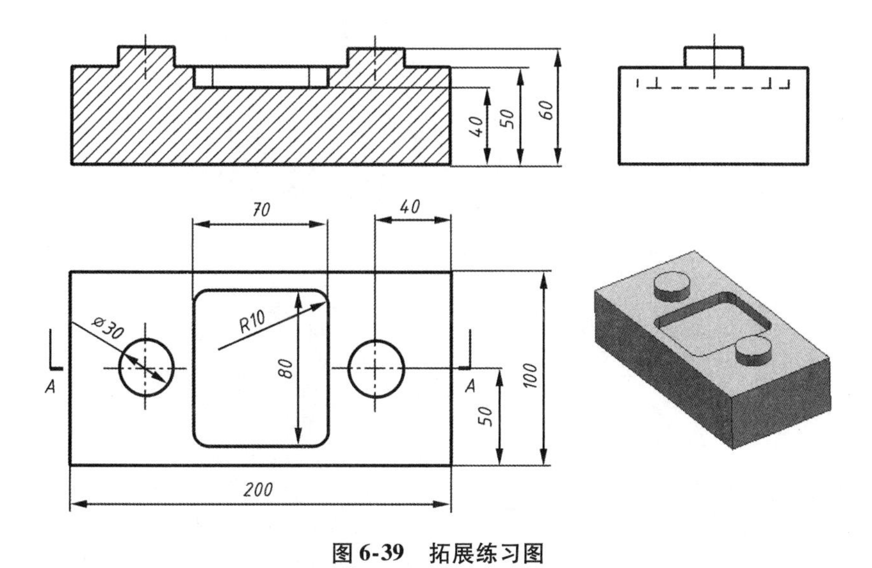

图 6-39　拓展练习图